AF592046

A Mr. Natalis de Wailly,
hommage de l'auteur

DE L'APPLICATION

DE

LA NOUVELLE LOI

SUR LA

POLICE DE LA CHASSE

EN CE QUI REGARDE L'AGRICULTURE

ET

LA REPRODUCTION DES ANIMAUX ;

PAR L.-L. GADEBLED.

PARIS,

GARNIER FRÈRES, LIBRAIRES, AU PALAIS-ROYAL,

PÉRISTYLE MONTPENSIER, 215 BIS.

1845.

DE L'APPLICATION

DE

LA NOUVELLE LOI

SUR LA

POLICE DE LA CHASSE,

EN CE QUI REGARDE L'AGRICULTURE

ET

LA REPRODUCTION DES ANIMAUX;

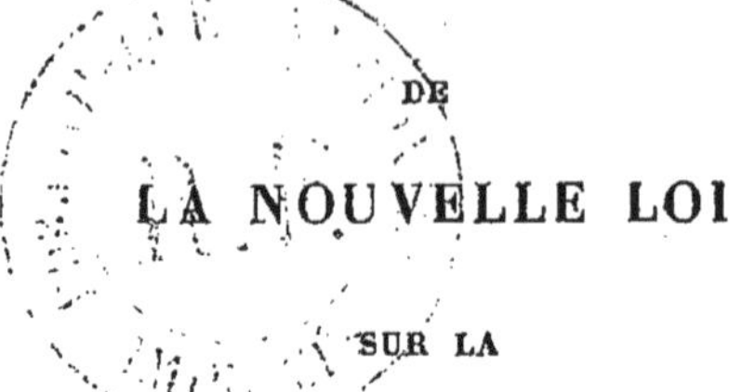

PAR M. GADEBLED,

Chef de bureau au ministère de l'intérieur.

ÉVREUX,

TYPOGRAPHIE DE JULES ANCELLE,

IMPRIMEUR DE LA PRÉFECTURE.

1845.

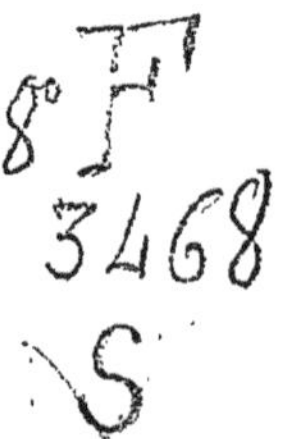

(Extrait du *Recueil des Travaux de la Société libre d'Agriculture, Sciences, Arts et Belles-Lettres du département de l'Eure*, pour l'année 1844.)

DE L'APPLICATION

DE LA NOUVELLE LOI

SUR LA POLICE DE LA CHASSE

EN CE QUI REGARDE

L'AGRICULTURE ET LA REPRODUCTION DES ANIMAUX.

Le moment n'est pas encore venu d'apprécier les résultats et l'utilité de la loi du 3 mai 1844 sur la police de la chasse.

Il n'a pas suffi de l'intervalle d'un an pour déterminer la portée de toutes les dispositions qu'elle contient et pour fixer le sens de celles qui ont été, à tort ou à juste raison, réputées obscures ou douteuses.

Néanmoins l'exercice d'une surveillance assidue par les agents de l'autorité, et l'application de la pénalité nouvelle par les tribunaux, ont donné, sous plusieurs rapports, la mesure des effets de la loi. Dès à présent, il est permis de juger si les propriétés et les récoltes sont, mieux que par le passé, préservées de violations et de dommages, si l'interdiction absolue de la chasse de nuit et la diminution du nombre des personnes faisant un usage habituel des armes à feu ont commencé à rétablir la sécurité dans les campagnes, si enfin les désordres sociaux que le braconnage entraîne à sa suite, sont devenus moins affligeants.

Mais, pour reconnaître jusqu'à quel point la loi assure la conservation du gibier et prévient la diminution de cette ressource précieuse d'alimentation, on a besoin qu'un laps de temps de deux ou trois années au moins se soit écoulé.

Il n'est pas seulement difficile de porter un jugement sur cette œuvre du législateur de 1844; il serait surtout injuste de la juger défavorablement d'après l'épreuve d'une première année. On ne pouvait pas espérer que le passage d'une législation insuffisante à une législation restrictive aurait lieu sans apporter de la perturbation dans quelques habitudes. D'ailleurs il était de l'essence d'une loi nouvelle sur la police de la chasse d'être blâmée par tous ceux dont elle venait réprimer les abus: l'absence de plaintes de cette nature n'en aurait-elle pas été la plus grave critique? Il sera aisé de concevoir en outre que des tâtonnements trop multipliés dans les premiers essais de la mise en exécution, que même des erreurs réelles aient provoqué de justes mécontentements. Si la délivrance des permis de chasse, assujétie par le législateur lui-même à des formalités qu'il a jugées utiles, s'est trouvée par fois beaucoup trop retardée; si des rigueurs exagérées ont eu lieu dans l'application de certaines dispositions prohibitives, tandis que d'un autre côté la condescendance et le laisser-aller ont été portés à l'excès; si l'on a vu des mesures disparates appliquées à des localités analogues et des mesures semblables appliquées à des localités différentes, il ne faut pas en conclure que ces griefs, purement accidentels et dont les causes ont déjà cessé d'exister, témoignent des vices de la loi: ce sont les inconvénients temporaires d'une transition laborieuse. Surtout il ne faut pas se méprendre au point de faire passer la récrimination du braconnier pour un signe de mécontentement du véritable chasseur, du propriétaire ou de l'agriculteur.

Les observations auxquelles nous allons nous livrer sur

l'application de la loi du 3 mai 1844, n'en contiennent ni la critique, ni l'apologie; c'est une simple étude sur le mode d'exercice des pouvoirs spéciaux qui ont été délégués, en matière de chasse, aux autorités administratives : d'ailleurs rien de ce qui regarde les autorités judiciaires ne doit y être traité.

Envisagée dans son point de vue général, la loi dont il s'agit est fort restrictive. En prononçant l'interdiction du transport, de la vente et du colportage du gibier, dans les temps où la chasse n'est pas permise, en réduisant les modes licites de chasse à trois : 1° chasse à tir, 2° chasse à courre, 3° emploi des furets et des bourses pour les lapins; en prohibant les filets et engins; enfin en établissant pour toutes les infractions une pénalité graduée, mais sévère, elle a beaucoup fait pour mettre obstacle à la destruction du gibier.

Mais ces restrictions ne sont-elles pas tout aussitôt atténuées ou même ne peuvent-elles pas être détruites par les exceptions et par les concessions résultant des règlements locaux que les autorités départementales ont la faculté d'établir, d'après les articles 3 et 9?

Article 3. Les préfets détermineront par des arrêtés, publiés au moins dix jours à l'avance, l'époque de l'ouverture et celle de la clôture de la chasse dans chaque département.

Article 9. Les préfets des départements, sur l'avis des Conseils généraux, prendront des arrêtés pour déterminer : 1° l'époque de la chasse des oiseaux de passage autres que la caille, et les modes et procédés de cette chasse; 2° le temps pendant lequel il sera permis de chasser le gibier d'eau dans les marais, sur les étangs, fleuves et rivières; 3° les espèces d'animaux malfaisants et nuisibles que le propriétaire, possesseur ou fermier, pourra en tout temps détruire sur ses terres, et les conditions de l'exercice de ce droit, sans préjudice du droit appartenant au propriétaire ou fermier, de repousser ou de détruire, même avec des armes à feu, les bêtes fauves qui porteraient dommage à ses propriétés. Ils pourront prendre également des arrêtés : 1° pour prévenir la destruction des oiseaux; 2° pour autoriser l'emploi des chiens lévriers pour la destruction des animaux malfaisants et nuisibles; 3° pour interdire la chasse pendant les temps de neige.

La législation n'est donc qu'en partie dans la loi. Il faut en chercher le complément dans les règlements locaux. Aussi n'hésitons-nous pas à dire que l'efficacité ou l'insuffisance, l'avenir et le sort de la loi dépendent de l'application restreinte ou large, sage ou mal-entendue qui sera faite de ces deux articles. Or, un grand nombre de circonstances différentes et de combinaisons de circonstances comportent également des erreurs.

Supposons que, dans un département, aucune exception ou faveur n'ait été admise en ce qui concerne soit l'époque, soit les modes et procédés de la chasse des oiseaux de passage et du gibier d'eau; l'exercice du droit de chasse en général semble alors devoir être notablement restreint, et c'est en effet ce qui arrivera le plus ordinairement dans cette hypothèse. Cependant rien n'empêche qu'en même temps les plus grands abus n'aient lieu sous la protection des arrêtés mêmes d'ouverture et de clôture. Si l'ouverture devance de beaucoup le moment où les terres devront être dépouillées, il y aura infailliblement quelque dévastation des récoltes mûres; si la clôture n'est déclarée que longtemps après la première croissance des herbes, le cultivateur verra, malgré la plus exacte surveillance, fouler aux pieds, dès le printemps, ses espérances de l'été. Dans ces mêmes conditions, la destruction du gibier marchera avec une effrayante rapidité, parce que au moment de l'ouverture, les jeunes animaux n'auront pas encore les forces nécessaires pour échapper aux poursuites du chasseur, et qu'au moment de la clôture l'accouplement et la reproduction arrêteront la fuite des animaux plus âgés.

Supposons que dans un autre département il ait paru bon aux autorités de limiter à une faible partie de la durée de l'hiver l'époque de la chasse à tir et à courre, mais qu'en même temps ces autorités aient jugé convenable de permettre la chasse du gibier d'eau pendant toute l'année, d'accorder pour la chasse des oiseaux de passage de nombreuses facilités, soit en classant dans cette catégorie une grande quantité d'espèces, soit en permettant d'employer à cette chasse des filets et piéges de tous genres, il arrivera que, sous le prétexte de se livrer à ces chasses exceptionnelles, on chassera tous les animaux, et les filets et engins proscrits en termes généraux par la loi, reparaîtront en tous lieux sous le bénéfice des exceptions qu'elle a admises.

Supposons encore qu'un Conseil général et un Préfet aient jugé superflu d'autoriser des mesures particulières pour la destruction des animaux malfaisants et nuisibles, s'en rapportant à la simple application des dispositions générales de la loi, alors l'agriculture privée de moyens réguliers de défense contre les animaux de ce genre, se voit opprimée au milieu des champs et jusque dans le sein des habitations, par ces braconniers les plus redoutables et les plus infatigables de tous. Ne pas favoriser suffisamment la destruction des animaux malfaisants et nuisibles, c'est manquer aux intentions du législateur. Mais c'est y manquer d'une manière non moins grave que d'accorder des facilités assez grandes pour faire dégénérer cette destruction en véritable chasse, et d'armer le chasseur pour la recherche du gibier, en temps prohibé, sous le prétexte de la poursuite des animaux malfaisants et nuisibles.

Ces exemples suffisent, nous l'espérons, pour faire comprendre que toute la force ou toute la faiblesse, tout le bien ou tout le mal de la loi sur la chasse, dépendent de la mise en œuvre des articles 3 et 9. La loi a eu pour but de tenir le chasseur gêné dans son allure, sous l'œil vigilant des agents de l'autorité, et sous la crainte des condamnations des tribunaux : mais les autorités départementales, s'armant de la loi contre la loi elle-même, peuvent donner l'essor à la liberté et même, si elles n'y prennent garde, à la licence la plus grande.

C'est un problème assez difficile à résoudre pour ces autorités que d'user avec ménagement de la force placée entre leurs mains; de tendre ou de relâcher le ressort dans une mesure appropriée aux situations, aux climats, aux besoins et même aux habitudes. Or nous croyons que dans toute espèce de cas, dans toute circonstance donnée, il y a moyen d'évaluer l'intensité du régulateur qui sera propre à assurer le jeu régulier de ce mécanisme, non moins compliqué en réalité qu'en apparence.

Déterminer les conditions, réunir les éléments de la solution de ce problème, tel est l'objet de notre travail. Nous allons traiter successivement, dans l'ordre même de la loi, les matières ci-après désignées :

1º Ouverture et clôture de la chasse;

2º Chasse exceptionnelle des oiseaux de passage;

3º Chasse exceptionnelle du gibier d'eau;

4º Destruction des animaux malfaisants et nuisibles;

5º Prohibitions relatives à la destruction des oiseaux;

6º Emploi des chiens lévriers;

7º Chasse pendant les temps de neige.

§ I. *Ouverture et clôture de la chasse.*

La loi de 1844, à l'exemple de la loi de 1790, qui a été pendant cinquante ans le code unique de la police de la chasse, confie aux administrations départementales le soin de déterminer l'époque de l'ouverture et celle de la clôture de la chasse dans chaque département.

Il est constant que, pendant une moitié au moins de l'année, l'exercice de la chasse aurait des inconvénients extrêmement graves pour les cultures et nuirait à la reproduction du gibier. On sait d'ailleurs que la chair des animaux, surtout des animaux sauvages, perd une grande partie de ses qualités, et devient même désagréable au goût dans le temps du rut, de la gestation, de l'allaitement ou de la couvée.

En France, le 1er septembre est l'époque la plus ordinaire de l'ouverture de la chasse, et le 1er mars l'époque la plus ordinaire de la clôture. C'est ce qui résulte du moins de l'application des anciennes ordonnances depuis près de trois cents ans. Une expérience si prolongée, sans avoir varié dans ses effets généraux, ne peut que répondre à une observation exacte des lois de la nature et à une appréciation sage de l'intérêt social.

On a pensé toutefois que les diversités de climat, de situation, de culture particulières aux diverses localités, obligeraient à fixer des dates différentes, tant pour l'ouverture que pour la clôture. De là vient que les autorités de chaque département ont été investies à cet égard d'un pouvoir presque absolu.

Il est naturel de penser que des régions voisines ou placées dans des conditions analogues ont habituellement des époques concordantes d'ouverture et de clôture de la chasse, et qu'en même temps pour des régions éloignées ou dissemblables, ces époques présentent quelques différences. Toutefois les faits semblent ne pas confirmer cette opinion. C'est ce que peut-être on aurait peine à croire, si l'on ne prenait connaissance du tableau placé ci-dessous, contenant les dates de clôture de la chasse à la fin de l'hiver de 1843 et les dates de l'ouverture à la fin de l'été de cette même année dans tous les départements.

Bien que l'état des saisons influe notablement sur le choix de ces époques, il y a, en général, pour chaque département, une époque moyenne, une fixation d'usage qui est celle que nous aurions voulu nous procurer. Forcé de nous en tenir à relever ces dates pour une année déterminée, nous avons préféré 1843 à 1844, ayant eu lieu de reconnaître que l'usage avait, dans cette dernière année, éprouvé des modifications, sous l'influence de la discussion et de la promulgation de la loi. Les quatre-vingt-six départements sont groupés dans ce tableau, par régions, suivant la division adoptée par le ministère de l'agriculture et du commerce dans ses publications de statistique agricole.

		ÉPOQUE DE LA CLÔTURE.	ÉPOQUE DE L'OUVERTURE.
1re RÉGION. — NORD-OUEST.	Finistère.	10 et 20 février (1).	10 sept. et 1er oct. (1).
	Côtes-du-Nord.	15 fév. et 1er mai (1).	15 sept. et 1er oct. (1).
	Morbihan.	1er mars.	15 septembre.
	Ille-et-Vilaine.	20 février.	17 sept. et 1er oct. (1).
	Manche.	1er mars.	1er septembre.
	Calvados.	1er mars.	6 septembre.
	Orne.	1er mars.	11 et 15 sept. (2).
	Mayenne.	1er mars.	1er septembre.
	Sarthe.	1er mars.	1er septembre.

(1) La première clôture ou la première ouverture est pour le chien couchant; la seconde pour le chien courant.

(2) Ces dates différentes regardent des arrondissements et des cantons différents.

Région	Département	Époque de la clôture.	Époque de l'ouverture.
2me région. — NORD.	Nord.	1er janvier.	10 septembre.
	Pas-de-Calais.	5 février.	12 septembre.
	Somme.	1er février.	15 septembre.
	Seine-Inférieur.	1er mars.	15 septembre.
	Oise.	18 février.	6, 8, 10, 15, 20, 25 sept. et 1er oct. (1).
	Aisne.	16 mars.	12 septembre.
	Eure.	1er mars.	12 septembre.
	Eure-et-Loir.	15 février.	2 septembre.
	Seine-et-Oise.	1er mars.	10 septembre.
	Seine.	1er mars.	10 septembre.
	Seine-et-Marne.	1er mars.	5 septembre.
3me région. — NORD-EST.	Ardennes.	1er mars.	10 et 14 sept. (1).
	Marne.	1er mars.	5 et 10 sept. (1).
	Aube.	1er mars.	5 septembre.
	Haute-Marne.	15 février.	5 septembre.
	Meuse.	1er mars.	10 septembre.
	Moselle.	5 fév. et 1er mars (2)	8 septembre.
	Meurthe.	1er fév. et 15 mars (2)	10 septembre.
	Vosges.	1er février.	12 septembre.
	Bas-Rhin.	1er mars.	20 août et 5 sept. (3).
	Haut-Rhin.	10 février.	3 septembre.
4me région. — OUEST.	Loire-Infér.	25 février.	10 septembre.
	Maine-et-Loire.	1er mars.	5 septembre.
	Indre-et-Loire.	1er mars.	6 septembre.
	Vendée.	1er mars.	1er septembre.
	Charente-Inf.	1er mars.	25 août.
	Deux-Sèvres.	18 février.	28 août.
	Charente.	15 mars.	1er septembre.
	Vienne.	20 février.	1er septembre.
	Haute-Vienne.	1er mars.	10 septembre.

(1) Epoques différentes pour des arrondissements différents.

(2) Février pour la plaine; mars pour les forêts et bois des communes et des établissements publics.

(3) La première date pour les chiens couchants, la seconde pour les chiens courants.

Région	Département	Époque de la clôture.	Époque de l'ouverture.
5me région. — Centre.	Loir-et-Cher.	15 mars.	8 septembre.
	Loiret.	1er mars.	12 septembre.
	Yonne.	20 février.	10 septembre.
	Indre.	1er mars.	1er septembre.
	Cher.	10 mars.	1er septembre.
	Nièvre.	1er mars.	1er septembre.
	Creuse.	20 mars.	20 août.
	Allier.	1er mars.	28 août.
	Puy-de-Dôme.	15 mars.	1er septembre.
6me région. — Est.	Côte-d'Or.	1er février.	5 septembre.
	Haute-Saône.	1er janvier.	1er et 10 sept. (1).
	Doubs.	15 février.	31 août.
	Jura.	15 mars.	1er septembre.
	Saône-et-Loire.	1er mars.	1er septembre.
	Loire.	1er mars.	1er septembre.
	Rhône.	10 mars.	1er septembre.
	Ain.	5 mars.	1er septembre.
	Isère.	1er mars.	1er septembre.
7me région. — Sud-Ouest.	Gironde.	15 mars.	20 août.
	Dordogne.	15 mars.	30 août.
	Lot-et-Garonne.	25 mars.	20 juillet.
	Landes.	15 mars.	25 août.
	Gers.	10 mars.	10 août.
	Bass.-Pyrénées.		
	Haut.-Pyrénées	20 mars.	10 août.
	Haute-Garonne.	15 mars.	5 août.
	Ariége.	1er avril.	15 août.
8me rég.-Sud.	Corrèze.	20 mars.	10 septembre.
	Cantal.	1er avril.	5 septembre.
	Lot.	15 mars.	15 août.
	Aveyron.	1er avril.	20 août.
	Lozère.	20 mars.	1er septembre.

(1) Époques différentes pour des arrondissements différents.

Région	Département	ÉPOQUE DE LA CLÔTURE.	ÉPOQUE DE L'OUVERTURE.
8me RÉG.-SUD.	Tarn-et-Garon.	10 mars.	1er août.
	Tarn.	1er mars.	25 août.
	Hérault.	15 mars.	10 septembre.
	Aude.	15 mars.	20 août.
	Pyrén.-Orient.	15 mars.	15 août.
9me RÉGION. — SUD-EST.	Haute-Loire.	1er mars.	3 septembre.
	Ardèche.	20 mars.	20 août.
	Rhône.	20 mars.	20 août.
	Gard.	15 mars.	20 août.
	Vaucluse.	15 mars.	10 août.
	Basses-Alpes.	1er mars.	27 août.
	Hautes-Alpes.	1er mars.	8 septembre.
	B.-du-Rhône.	15 février.	13 août.
	Var.	5 mars.	17 août.
10me RÉG.	Corse.	20 février.	3 septembre.

Un simple coup-d'œil sur ce tableau fait pressentir que des considérations fort diverses déterminent, selon les localités, le choix des époques de clôture ou d'ouverture.

Parmi les départements qui appartiennent à la région méridionale, nous n'en voyons qu'un seul dans lequel la clôture soit prononcée avant le mois de mars, tandis que plusieurs départements septentrionaux la reportent au commencement de l'année, par exemple : le Pas-de-Calais et la Somme aux premiers jours de février, et même le Nord au 1er janvier.

Il n'y a guères plus de quatre ans que la clôture de la chasse dans le département du Nord est fixée si longtemps avant la fin de l'hiver. Cette époque a été adoptée sur la demande des autorités locales et des propriétaires qui paraissent avoir été préoccupés principalement de l'intérêt de l'agriculture.

On a fait observer que, dans ce département, la seconde quinzaine de janvier ou les premiers jours de février sont le moment ordinaire du grand dégel et de la fonte des neiges. Les terres ont alors si peu de consistance que chaque pas du chasseur enlève les jeunes plantes, particulièrement le colza dont la tige délicate, malade encore des dernières gelées, ne peut subir aucun froissement sans un grand préjudice.

On a ajouté que cette mesure était nécessaire dans l'intérêt de la reproduction du gibier, c'est-à-dire des perdrix et des lièvres qui sont le gibier du pays, le plus abondant et le plus précieux.

C'est en effet dès le commencement de février que les perdrix se divisent par paires; elles s'accouplent aussitôt que quelques jours de soleil réchauffent le sol. En cet état, elles perdent en partie la faculté de s'enlever de terre et sont très-faciles à aborder.

C'est encore vers le même temps que les lièvres entrent en rut : alors on les voit quitter les bois et courir le jour et la nuit, souvent par bandes de cinq ou six, à la suite d'une hase. Rien n'est plus facile que de les détruire, et comme il y a beaucoup de femelles pleines, un seul coup de fusil détruit à la fois la mère et sa portée.

Les chasseurs de la Haute-Bretagne ont exprimé les mêmes opinions. Suivant eux, l'accouplement est opéré parmi les lièvres et les perdrix dès la première quinzaine de février, et si l'on ne fermait la chasse qu'après cette époque, la destruction de ces deux espèces de gibier serait complète au bout de peu d'années.

Ces observations très-vraisemblablement fondées par rapport à nos régions septentrionales, semblent, au premier aperçu du moins, ne pas laisser les moyens d'expliquer comment il arrive que la clôture de la chasse est plus retardée dans les régions méridionales que dans les autres, malgré l'influence d'un climat qui a pour effet de hâter la végétation et de favoriser la reproduction.

D'abord la chasse dans le midi n'est pas exactement ce qu'elle est dans le nord. Dans le midi, les bois taillis, les fourrés, les remises de toute espèce, les haies même et les buissons tendent à disparaître sous l'influence des progrès de l'agriculture; puis les habitudes de désœuvrement y étant assez répandues dans la population, la foule des chasseurs est grande et les gardes champêtres ne sont qu'en nombre très-insuffisant. Dans ces circonstances, les perdrix et les lièvres ne trouvant guères à se cacher et à se reproduire qu'au milieu des terres cultivées, y sont détruits en majeure partie aussitôt après ou même pendant l'enlèvement des récoltes et ne survivent qu'en bien petite quantité à la chute des feuilles dans les vignobles où le gibier trouve pendant quelque temps un dernier refuge.

Ces mêmes régions jouissent en même temps d'une situation toute privilégiée pour les chasses des oiseaux de passage : aussi le propriétaire, au lieu de se livrer à un parcours fatigant et trop souvent infructueux des terres cultivées, préfère tendre ses filets aux oiseaux dans le voisinage de son habitation. Or, il est à peu près sans inconvénient pour les cultures méridionales de permettre ces chasses en quelque temps que ce soit. Aussi MM. les préfets du midi ont-ils pu, sans exciter de réclamations, retarder la clôture de telle sorte que les chasses des oiseaux de passage qui ont lieu dans les premiers jours du printemps fussent renfermées dans les délais de l'époque permise.

Il est à croire que l'on a de même, dans quelques régions, tant du nord que du midi, retardé la clôture à cause du passage de la bécasse. Si l'on n'avait eu égard qu'aux chasses du lièvre et de la perdrix, on aurait sans doute déclaré la clôture dès le mois de février; mais comme la bécasse arrive en mars et ne disparaît qu'au commencement d'avril, la clôture a été prorogée à la mi-mars en vue de cette chasse spéciale.

La chasse au marais, si importante dans quelques départements, et qui, notamment sur certains points du midi, s'exerce en grand, jusque vers le mois d'avril, sans aucun inconvénient, a pu encore être un objet de quelque considération sous le même point de vue; car la loi de 1790 qui permettait la chasse en tout temps dans les *lacs* et *étangs*, ne la permettait pas dans les *marais*, et cette dernière chasse aurait été supprimée en grande partie, si l'on avait prononcé la clôture dès le mois de février.

Une raison analogue s'est appliquée aux chasses à courre dans les forêts de l'état. Ces chasses ne commencent pour l'ordinaire qu'en octobre; elles sont interrompues par les gelées en décembre et en janvier : le mois de février est regardé comme une époque favorable pour les reprendre. C'est pourquoi il avait été stipulé par le règlement général du 20 août 1814, relatif aux chasses dans les bois et forêts des domaines de l'État, ainsi que par les cahiers des charges des locations, que les chasses à courre ouvertes le 15 septembre seraient fermées seulement le 15 mars. Or, on a pensé, dans certains départements, qu'il y aurait quelques avantages à ne fermer la chasse en plaine que précisément à la date fixée pour la fermeture des chasses à courre en forêt; dans quelques autres, on s'est dit que puisque les chasses à courre en forêt étaient soumises à un règlement général, il valait mieux régler la chasse en plaine sans aucune relation avec la chasse en forêt. Autre source de différences nombreuses.

Nous remarquons assez généralement que dans les pays

de montagnes, l'époque de la clôture a été relativement retardée, soit à cause du retard de la végétation sur les hauteurs, soit en vue de dédommager les chasseurs de la suspension presque absolue que la chasse éprouve dans ces pays pendant les temps des grandes neiges, des glaces et des dégels.

Les départements où l'on voit que la clôture remonte au mois de février sont presque exclusivement des pays de plaines ou de collines basses. On trouve au contraire, pour les régions montagneuses, les dates ci-après, savoir : le 20 mars, pour la Creuse, la Lozère, l'Ardèche, la Drôme, les Hautes-Pyrénées ; le 1er avril, pour l'Ariége, l'Aveyron et le Cantal. Mais ici encore il y a des exceptions à citer, savoir : le département du Doubs qui ferme la chasse au 15 février, celui des Vosges qui la ferme au 1er février, celui de la Haute-Saône qui la ferme au 1er janvier.

C'est, comme on le voit, tantôt une considération, tantôt une autre qui domine; cette diversité de motifs est la principale et même la seule cause de la diversité des dates de clôture adoptées par des départements limitrophes et dont les situations sont entièrement semblables. Comment pourrait-on expliquer autrement qu'il y ait une différence de vingt jours pour la clôture de la chasse entre le département du Haut-Rhin et celui du Bas-Rhin ; que dans l'Aisne, en 1843, la clôture ait été prononcée pour le 16 mars, tandis que dans les départements voisins elle a eu lieu quelques semaines plus tôt, c'est-à-dire, dans l'Oise le 18 février, dans la Somme le 1er février, dans le Pas-de-Calais le 5 février, dans le Nord le 1er janvier ?

Concluons qu'en général la clôture de la chasse a été déterminée plus ordinairement en conséquence de certaines appréciations arbitrairement dirigées qu'en raison de la diversité des lieux. La règle particulière de chaque département satisfait plutôt à une manière de voir qu'à un besoin ou à un intérêt.

Dans le système de la nouvelle loi, le problème se simplifie à plusieurs égards.

Comme il est facultatif aux préfets d'autoriser exceptionnellement la chasse des oiseaux de passage en dehors du temps ordinaire, cette chasse n'est plus un motif pour faire différer la clôture au delà du moment qui convient pour le gibier sédentaire.

La chasse en marais n'est pas davantage un obstacle, puisque la chasse du gibier d'eau dans les marais, comme sur les étangs, fleuves et rivières, peut être permise en tout temps.

D'un autre côté, les locations des chasses dans les forêts de l'État ont pris fin en 1845, et ces chasses doivent être dorénavant soumises aux conditions générales des arrêtés des préfets.

Enfin, sous l'empire de la loi de 1790, les autorités départementales n'avaient à se préoccuper, relativement à la fixation de la clôture de la chasse, que de la conservation des récoltes et de la sûreté publique; elles savaient bien que l'arrêté de clôture n'était d'aucun effet pour la conservation du gibier, puisque la chasse avec filets et engins, ainsi que le transport et la vente étaient entièrement libres et qu'on trouvait sur les marchés, en temps prohibé, la même abondance de gibier qu'en temps permis. Sous l'empire de la loi de 1844, et grâce aux prohibitions générales qu'elle a mises en vigueur, ce même arrêté a des effets complets.

Il n'y a dorénavant, selon nous, aucun motif important pour retarder la clôture jusqu'au moment où il résulterait généralement de la chasse un préjudice pour les terres et pour les récoltes. Dans l'ordre des saisons, un autre intérêt, celui de la reproduction du gibier, obtient la priorité. Or, l'accouplement, pour le gibier indigène, a lieu dans toute la France à peu près dans le même temps. On pourrait donc fixer pour la clôture de la chasse dans toute la France une seule date, le 15 ou peut-être même le 1er février.

Cette mesure ferait disparaître une anomalie grave, un inconvénient sérieux que rend trop souvent inévitable l'exécution de la disposition si essentielle de la loi qui porte interdiction du transport et de la vente du gibier en temps prohibé. Lorsque des départements limitrophes ont adopté pour la clôture de la chasse des époques différentes, ce sont autant de royaumes distincts et séparés qui, se régissant chacun par une loi particulière, repoussent de leur territoire, comme un danger ou comme une corruption, le gibier qu'un concitoyen a tué quelques pas plus loin sur le sol de la même patrie.

Cette considération, va-t-on nous dire, n'est pas d'un moindre poids à l'égard de l'ouverture qu'à l'égard de la clôture de la chasse. Mais nous nous hâtons de reconnaître qu'il sera très-difficile, peut-être même entièrement impossible d'assigner à tous les départements un seul et même jour d'ouverture. A la vérité, le chasseur se soumet, pour l'ordinaire, sans murmurer, à l'arrêté de clôture, parce qu'il lui a été loisible, cinq ou six mois durant, de donner carrière à son ardeur; mais quelle n'est pas son impatience et son inquiétude, lorsqu'après un repos de six mois, il voit les terres nouvellement découvertes fourmiller de lièvres et de perdreaux destinés à devenir la proie des braconniers, pour peu qu'on retarde la chasse! Le préfet pourra-t-il résister longtemps aux réclamations, aux vives instances qui l'assailliront de toutes parts? Il faudrait cependant, pour n'avoir qu'une seule ouverture de chasse, la différer dans un certain nombre de départements, contrairement au vœu des chasseurs, jusqu'au moment où il est possible de la permettre dans les départements les moins avancés sous le rapport de la moisson.

Si l'on ne devait avoir égard qu'à la force ou à l'état de croissance du gibier, ce ne serait pas une difficulté réelle que de faire adopter une seule époque d'ouverture pour toute la France, attendu que la croissance des animaux ne présente pas, entre les différentes régions, des différences bien sensibles. On pense généralement qu'il n'y a pas d'inconvénient à commencer dès la mi-août la chasse des perdreaux, des cailles et des lapereaux. Cependant, il est certain qu'avant la mi-septembre, le gibier est encore jeune, facile à atteindre et à détruire. La conservation du gibier indigène semble donc exiger que la chasse ne soit ouverte dans aucune partie de la France avant la première semaine de septembre.

Mais, dans la pratique, ce n'est pas l'intérêt de la conservation du gibier qui détermine l'époque de l'ouverture, c'est à peu près uniquement l'état de la saison et des récoltes.

Aussi les dates que nous avons consignées dans le tableau imprimé ci-dessus présentent-elles beaucoup moins de différences à l'égard de l'ouverture qu'à l'égard de la clôture.

Nous croyons que, dans quelques départements, l'ouverture a été avancée un peu plus que ne le comportait la saison par crainte de réduire à une trop courte durée la chasse des cailles qui se trouverait en effet totalement supprimée si l'on reculait l'ouverture au delà du 15 septembre, puisque ces oiseaux qui n'arrivent en France que dans les premiers jours d'avril font à peu près constamment leur départ avant l'équinoxe de septembre. Une considération du même genre, relative à la chasse des ortolans, est ce qui a vraisemblablement déterminé MM. les Préfets de quelques départements du Sud et du Sud-Ouest à déclarer l'ouverture dès les premiers jours d'août, époque à laquelle commence l'un des passages des ortolans.

Quand bien même on ne tiendrait compte d'aucune autre circonstance que de l'état des récoltes, la fixation des époques d'ouverture comporterait encore des différences notables et qui dépendront jusqu'à un certain point de l'arbitraire du jugement. Quelques préfectures se borneront à attendre que l'enlèvement des céréales soit commencé; quelques autres préfèreront que cette opération soit terminée, et il y en aura qui voudront attendre que les récoltes de toute nature aient disparu de la surface du sol.

L'usage avait été pendant beaucoup d'années, dans le département de l'Hérault, de fixer l'ouverture au 25 août. En 1843, M. le Préfet l'a reportée au 10 septembre, dans l'intérêt des récoltes. Si l'on attendait généralement que les récoltes de toute nature fussent enlevées, le retard de l'ouverture serait à peu près le même dans toute l'étendue de la France. Dans beaucoup de régions, c'est particulièrement en faveur des vignes qu'un délai sera demandé : mais, dans presque toutes, on sera également fondé à le réclamer en faveur de diverses productions qui ne disparaissent entièrement de la surface du sol que vers la fin de septembre, telles que fèveroles, chanvres, navette d'été, sarrasin, maïs, regains de prairies naturelles, coupes de trèfle, de vesces tardives, ou de luzerne. Il y aurait de l'exagération sans doute à retarder dans une aussi forte proportion l'époque de l'ouverture de la chasse. Mais ce n'en est pas moins un fait digne d'attention que, dans un de nos départements les plus méridionaux, l'intérêt de l'agriculture a paru exiger autant de retard que peuvent en désirer les départements les plus septentrionaux.

Il est possible qu'on songe à diviser la France en plusieurs régions, trois ou quatre, par exemple, qui auraient chacune leur époque particulière d'ouverture. Cette idée serait peut-être d'une application facile si la France n'était qu'une seule plaine uniforme, sans autres différences dans le climat que celles des latitudes; mais on la trouve susceptible de graves objections lorsqu'on envisage que dans les pays montagneux, situés à l'est, au centre et au sud-est de la France, les récoltes sont aussi tardives que dans les plaines situées le plus vers le nord. De quelque manière qu'on divise le territoire du royaume, un certain nombre de départements auront toujours de bonnes raisons de réclamer contre l'époque assignée à la région dont ils font partie, parce qu'en effet ils pourront être aussi lésés par rapport à cette époque qu'ils le seraient par rapport à une époque commune à tout le royaume.

A l'appui du vœu que nous faisons pour l'adoption d'une date unique, une raison générale, qui ressort de l'esprit même de la nouvelle loi, ne doit pas être omise.

La loi de 1844 n'a pas pourvu de la même manière que celle de 1790 à la protection des récoltes. Cette dernière n'avait fait que renouveler le principe des anciennes ordonnances (1) par lesquelles la chasse était défendue sur les terres ensemencées depuis que le blé serait en tuyau, et dans les vignes depuis le 1er jour de mars jusqu'à la dépouille. La loi de 1790 interdisait en conséquence à toutes personnes, même aux propriétaires ou posses-

(1) Ordonnances de janvier 1560, article 108; de Blois, mai 1579, art. 285; de juin 1601, art. 4 : édit d'août 1669 sur les eaux et forêts, titre 30, art. 18.

seurs, de chasser en quelque temps que ce fût, soit dans les vignes, avant l'entier enlèvement des vendanges, soit dans les terres couvertes d'autres produits agricoles, avant l'entier enlèvement des fruits. MM. les Préfets, dans leurs arrêtés d'ouverture, ont presque toujours eu soin de rappeler et de renouveler cette prohibition. Tout ce que la loi de 1844 a dit se réduit à ceci : 1° nul ne pourra chasser si la chasse n'est pas ouverte; 2° nul n'aura la faculté de chasser sur le terrain d'autrui sans le consentement du propriétaire ou de ses ayant droits. Ainsi quand la chasse est ouverte, le propriétaire peut chasser ou faire chasser sur ses terres non récoltées. La loi nouvelle s'en rapporte, pour la surveillance des moissons, à l'intérêt privé, se bornant à décider, par l'article 11, qu'il y aura lieu à une amende double dans le cas où le délit qui consiste à chasser sans le consentement du propriétaire, aura été commis sur des terres non dépouillées de leurs fruits, et par l'art. 26, que, dans ce cas, par exception, le ministère public exercera la poursuite d'office, sans une plainte de la partie intéressée.

Il ne serait pas selon l'esprit de la loi de fixer des époques d'ouverture différentes pour les différentes cultures ou pour les différentes productions du sol, comme, par exemple, une pour les bois et forêts, une pour les vignes, une pour les terres vaines et vagues, etc. Le législateur, en s'abstenant de renouveler la permission que donnait la loi de 1790 de chasser toute l'année dans les bois et forêts, et en permettant néanmoins d'autoriser exceptionnellement, à l'exemple de cette même loi, la chasse dans les marais et sur les étangs, fleuves et rivières, a voulu certainement écarter toute exception semblable qui serait fondée sur la nature des lieux, et a entendu que la chasse une fois ouverte d'une manière générale s'exercerait sur tous les terrains et dans toutes les natures de cultures.

Ainsi les récoltes sur pied qui étaient protégées directement et en termes absolus par la loi de 1790, ne le sont que d'une manière indirecte par celle de 1844. Mais les autorités administratives ont des pouvoirs spéciaux qui les mettent à même de venir en aide à l'intérêt privé. Pour assurer aux moissons la protection que la loi de 1790 avait en vue, il suffira de retarder un peu plus qu'on ne l'a fait généralement jusqu'aujourd'hui, l'époque de l'ouverture qui, selon nous, dans l'intérêt de la conservation des diverses natures de récoltes, de même que dans l'intérêt de la conservation du gibier, ne devrait avoir lieu dans aucune partie de la France, avant la première semaine de septembre.

On a déjà fait observer, avec beaucoup de justesse (1), qu'il y a des inconvénients à ne pas ouvrir la chasse le même jour dans tous les arrondissements et dans toutes les communes d'un département. En effet les chasseurs se portent en grand nombre sur le lieu où l'ouverture a été déclarée; ce qui reste de récoltes sur le sol est livré à la dévastation, et le jeune gibier qui n'a pas encore vu le feu, surpris et poursuivi de toutes parts à la fois, est détruit presque complètement dès le premier jour.

Pour supprimer cet abus, qui n'est pas, à beaucoup près, général, il ne faut qu'un peu moins de condescendance envers des localités ou envers des individus : ce n'est pas une difficulté qui puisse arrêter. Ce serait, au contraire, une mesure véritablement importante que l'adoption d'une même époque d'ouverture pour toute la France. Nous ne saurions affirmer, mais nous ne sommes pas non plus éloigné de penser qu'on en reconnaîtra tôt ou tard la possibilité.

(1) *Journal des Chasseurs*, année 1843, article de M. Joseph Lavallée.

§ II. *Chasse exceptionnelle des oiseaux de passage.*

Quelles sont les espèces d'oiseaux auxquelles peut être donnée, dans l'acception de la loi, la dénomination d'oiseaux de passage?

Pour appliquer sainement la loi, cette notion élémentaire doit être avant tout fixée. Sur ce sujet, il y a un sentiment dans le peuple, et les naturalistes ont recueilli des observations. Mais si nous demandons au peuple et aux naturalistes une réponse, ils commenceront par nous renvoyer au témoignage de nos propres yeux.

Un passage d'oiseaux est généralement un fait notoire: des exemples à citer ne manquent à personne.

Il n'y a aucune partie de la France qui ne soit fréquentée en été par des cailles en nombre plus ou moins grand. Les cailles arrivent du midi dans les premiers jours d'avril. Malgré le peu d'étendue de leurs ailes et la difficulté de leur vol, elles traversent la Méditerranée et abordent par troupes quelquefois très-nombreuses sur notre littoral; puis elles se répandent sur le continent dans la direction du nord. Après avoir niché et élevé leurs couvées, elles reprennent, jeunes et vieilles, la direction du midi, et repassent la mer sur les bords de laquelle on les verra de nouveau paraître au printemps suivant.

Pour les savants comme pour le peuple, les cailles sont des oiseaux de passage.

D'autres oiseaux plus petits, les ortolans, apparaissent vers le même temps, par familles peu nombreuses, sur nos côtes méridionales. Comme les cailles, ils vont nicher sur divers points du continent; puis, vers la fin de l'été et pendant l'automne, retournent aux lieux d'où ils sont venus. Les ortolans sont des oiseaux de passage.

Nous voyons venir encore du midi des oiseaux de plus grande taille, les pigeons sauvages, ramiers, bisets et tourterelles. Dans les mois de février et de mars, les ramiers et les bisets, réunis en bandes, longent les côtes de la Méditerranée et débouchent des gorges des Pyrénées, en se dirigeant du couchant vers l'orient. Les tourterelles arrivent d'Afrique un peu plus tard. Elles repartent aussitôt après avoir niché; puis, à leur suite, dans l'automne, les ramiers et les bisets reprennent leur route dans la direction du nord-est au sud-ouest.

Qui n'a pas vu, dans quelque beau jour de la fin de septembre, les hirondelles et les martinets s'agiter avec inquiétude en se préparant à quitter notre climat? Leurs bandes nombreuses auront entièrement disparu le lendemain. Elles séjourneront en Afrique pendant l'hiver; mais au printemps elles reviendront chez nous établir leurs nichées.

Tous ces oiseaux sont des oiseaux de passage.

La France doit à sa position moyenne dans la zône tempérée de l'Europe par où elle touche à la Méditerranée et à la mer du Nord par ses extrémités, en même temps qu'à l'Océan sur une longueur immense de rivages, d'être visitée par une grande variété d'oiseaux. Pendant l'été, les habitants de ses provinces méridionales voient apparaître des oiseaux qui fréquentent ordinairement les régions du tropique : pendant l'hiver, les habitants des rivages septentrionaux observent des espèces qui appartiennent principalement aux glaces des régions arctiques.

Au premier rang des oiseaux que la saison froide amène en France, se présentent les oiseaux aquatiques. Les uns, destinés à chercher leur nourriture sur le bord des eaux sans y entrer pour nager, sont remarquables par leurs longues jambes et par leurs longs becs : ce sont les oiseaux de rivage ou échassiers. Les autres, destinés à vivre sur la surface des eaux et au milieu des mers, ont le corps taillé en forme de vaisseau ; leurs jambes courtes se terminent par des pieds palmés qui leur servent de rames : ce sont les nageurs ou palmipèdes.

La plupart des échassiers font leur passage avant les nageurs : dès la fin d'août, les cigognes, puis, un peu plus tard, les grues, volant au plus haut des airs, se dirigent vers la Barbarie et l'Egypte : les hérons passent également du nord vers le midi. Tous ces oiseaux, le bec allongé en avant, laissant pendre en arrière leurs longues pattes, défilent en processions quelquefois interminables, et nos oreilles entendent leurs cris lorsque nos yeux ne peuvent les apercevoir. En septembre, octobre et novembre, les pluviers et les vanneaux se répandent par bandes considérables; les chevaliers, les combattants, les courlis apparaissent aussi. On ne voit arriver qu'un peu plus tard les palmipèdes, lorsque les eaux qu'ils habitent dans le Nord ont commencé à se geler. Dès le mois d'octobre, cependant, les canards sauvages s'avancent par phalanges disposées en triangles réguliers : l'automne amène encore les grèbes et les cormorans; enfin, lorsque l'atmosphère devient sombre, que la terre est couverte de brouillards, la bise violente et chargée de frimats, les oies sauvages se font voir ; mais elles ne sont jamais en grande abondance avant décembre ou janvier.

Dans nos régions tempérées, les mêmes oiseaux opèrent quelquefois pendant le même hiver plusieurs passages coup sur coup dans des sens opposés : ainsi les pluviers dorés, entre leur arrivée qui a lieu au commencement de l'automne et leur départ qui a lieu en avril, s'éloignent, puis reviennent, puis disparaissent de nouveau, selon l'intensité plus ou moins grande du froid.

A l'approche du printemps, ces oiseaux reprennent le chemin de leur patrie; d'abord, les oies et les canards en février et en mars; puis les pluviers et à leur suite les vanneaux, puis les chevaliers aux longs pieds rouges et les combattants, enfin les grues et les cigognes.

Ces grandes migrations des oiseaux aquatiques ne sont pas les seules que l'hiver détermine; d'autres espèces opèrent dans le même intervalle de temps des migrations moins étendues, et qui ne dépassent guères, en général, les limites de la zône tempérée.

Mentionnons d'abord les bécasses. Pendant l'été, elles se sont retirées dans les pays du Nord et sur les hauteurs des grandes montagnes, où elles se tiennent au-dessous de la région des neiges. En novembre, elles descendent dans les plaines boisées ou même elles émigrent jusque vers le midi; puis, en mars et en avril, elles regagnent leur gîte d'été. On ne voit jamais les bécasses voyager en troupes; elles vont isolément ou par couples.

Les approches de l'hiver font encore émigrer vers les contrées méridionales les diverses espèces de merles qui habitent le nord de l'Europe, entr'autres les litornes, et notamment les grives; mais après avoir passé le temps le plus rigoureux dans les forêts de la Corse et de la Sardaigne, ces espèces, dès le mois de février, traversent de nouveau la France pour aller nicher dans les forêts du Nord.

Dans le même temps, nombre de petits oiseaux se portent vers les pays méridionaux en nombre plus ou moins grand selon le degré de rigueur de l'hiver; d'abord les insectivores, tels que fauvettes, rossignols, bergeronnettes, gobe-mouches, mésanges, pipis, traquets, moteux, rouge-gorges; puis les granivores, verdiers, pinsons, linottes, chardonnerets, tarins, bruants. Tous ces oiseaux s'étaient dispersés pendant la belle saison dans nos champs et dans nos bois; pendant l'hiver, ils se rassemblent et s'approchent des lieux habités.

Les alouettes se réunissent de même vers le mois d'octobre, en grandes troupes, et, dès que le froid devient intense, elles se portent dans les plaines ou sur les bords de la mer, ou bien elles font leur passage vers les contrées méridionales. . . . . .

Dans l'opinion du peuple comme dans l'opinion des naturalistes, toutes ces espèces d'oiseaux sont des oiseaux de passage. . . . .

Nous allions oublier, en faisant ce dénombrement sommaire, les étourneaux dont les compagnies désordonnées dans leur vol léger et soutenu, portent leurs migrations sur tous les points de la surface du globe, et qui d'ailleurs appartiennent plutôt au midi qu'au nord; les corneilles appartenant, au contraire, plutôt au nord qu'au midi, et dont les bandes viennent en automne s'abattre sur nos terres nouvellement labourées; enfin les oiseaux de proie qui, pour la plupart, sont également voyageurs, notamment plusieurs espèces d'aigles, de vautours et de faucons, les éperviers, les buses et les hibous.

Donner une énumération de toutes les espèces auxquelles la qualification d'oiseau de passage est applicable, c'est-à-dire de toutes celles qui ne résident pas l'année entière dans le même canton, ce serait une tâche fort étendue.

Il suffit d'ouvrir les ouvrages des ornithologistes pour reconnaître que nous ne devons pas même songer à l'entreprendre.

D'après Marcel de Serres (1), sur 330 ou 350 espèces

(1) *Mémoire sur les causes des migrations des oiseaux et des poissons*, couronné par la Société royale des Sciences de Harlem et inséré dans le Recueil de cette société en 1842.

qui fréquentent les contrées du midi de la France, à peine y en a-t-il 60 qui y nichent habituellement.

Millet, qui a décrit avec beaucoup de soin 234 espèces d'oiseaux observées par lui dans le département de Maine-et-Loire (1), a divisé ce nombre total en quatre catégories, ainsi qu'il suit :

Oiseaux sédentaires en Anjou...............	65
Oiseaux de passage périodique nichant en Anjou.	71
Oiseaux de passage périodique ne nichant pas en Anjou..............................	56
Oiseaux de passage accidentel...............	42
Nombre égal........	234

Nous trouvons dans l'arrêté par lequel M. le Préfet du Nord a autorisé la chasse des oiseaux de passage en temps d'exception, une liste des oiseaux aquatiques de passage dans la Flandre. Cette liste, aussi complète sans doute qu'il est possible de la faire, comprend 73 espèces, dont 47 appartiennent à l'ordre des échassiers, et 26 à l'ordre des nageurs ou palmipèdes (2).

(1) Faune de Maine-et-Loire, 1828.

(2) Il ne semblera peut-être pas hors de propos de la reproduire ici. Cette citation suppléera sous plusieurs rapports à l'insuffisance de nos développements sur les oiseaux de passage; de plus, les naturalistes y trouveront l'indication exacte des espèces aquatiques dont le passage a été observé dans le département du Nord. La rédaction de cette liste est due vraisemblablement au docteur Degland, de Lille, auteur de plusieurs mémoires importants d'ornithologie publiés dans le Recueil de la Société royale des Sciences de Lille, en 1840, 1841 et 1842, sous le titre de *Catalogue des Oiseaux observés en Europe, et principalement en France.*

Voici l'arrêté de M. le Préfet du Nord : — Les oiseaux de passage qu'il sera permis de chasser, au fusil seulement, du 1er août au 15 avril, sont, *Echassiers* : OEdicnème criard ou courlis de terre, Echasse, Huitrier, Sanderling, Pluvier doré, Guignard (Chiriot), Grand Pluvier

Ce serait trop nous éloigner de notre sujet que de chercher ici à déterminer les causes des migrations des oiseaux, question sur laquelle les naturalistes ne se sont pas encore entièrement accordés.

à collier, Petit Pluvier à collier, Pluvier à collier interrompu ou à poitrine blanche, Vanneau huppé, Vanneau pluvier, Tourne-Pierre, Bécasseau cocorli, Bécasseau brunette, Bécasseau violet, Bécasseau temmia, Bécasseau minule, Bécasseau maubèche ou canut, Combattant, Chevalier cul-blanc, Chevalier à pieds rouges, Chevalier brun ou Arlequin, Chevalier stagnatile, Chevalier Sylvain ou des bois, Chevalier Guignette, Chevalier aboyeur ou à pieds verts, Bécasse, double Bécassine, Bécassine ordinaire, Sourde ou petite Bécassine (Jaquet), Barge commune ou à queue noire, Barge Meyer, Barge rousse ou à queue rayée, Courlis vulgaire, Corlieu ou petit Courlis, Spatule blanche, Héron pourpré, Crabier Guacco ou de Mahon, Blongios, Bihoreau, Cigogne blanche, Marouette, Rale d'eau Baillon, Rale d'eau Poussin, Phalarope à festons dentés, Phalarope hyperboré, Avocette. *Nageurs* : Cormoran, Fou, Grèbe huppé ou cornu, Grèbe jougris, Grèbe esclavon ou petit Grèbe cornu, Grèbe oreillard, Imbrim ou grand-plongeon de la mer du Nord, Lumme ou plongeon à gorge noire, Plongeon Cat-Marin, Harle vulgaire, Harle huppé, Harle Piette, Oie Bernache, Macreuse, double Macreuse, Canard siffleur huppé, Canard Nyroca ou à iris blanc, Canard Souchet ou Spatule, Canard Pilet, beau Canard huppé, Canard Chipeau ou Ridenne, Canard siffleur, Labbe brun ou Stercoraire Cataracte, Labbe ou Stercoraire Pomarin, Labbe ou Stercoraire des rochers, et les Pétrels.

Les énumérations contenues dans les arrêtés préfectoraux sont en général beaucoup plus limitées, et ne désignent que plusieurs espèces principales. Il n'aurait pas été sans intérêt de pouvoir placer ici, en regard de la liste des oiseaux de passage observés dans le département du Nord, une liste aussi complète pour l'un de nos départements les plus méridionaux : aucun arrêté ne la contient. Voici toutefois, pour la Gironde et les Landes, la désignation des espèces autres que les espèces aquatiques proprement dites, dont la chasse, par des moyens exceptionnels, a été autorisée :

Palombes ou Ramiers, Bisets, Tourterelles, Bécasses, Bécassines, Grives, Tours, Merles, Loriots, Ortolans, Alouettes, Cochevis, Gros-Becs, Pinsons, Verdiers, Hirondelles, Bergeronnettes, Roitelets, Bec-Figues, Linots, Fauvettes, Mésanges et Muriers.

On ne peut pas méconnaître qu'un instinct à peu près irrésistible ramène chaque année certaines espèces aux lieux qui les ont vues naître et qui sont comme leur patrie. Ces migrations essentiellement fixes et régulières, soit par leur époque, soit quant à leur direction, semblent avoir été commandées par la nature, afin de placer les couvées dans les conditions les plus favorables de sol et de climat. Un exemple remarquable de ces migrations, est celui des hirondelles et des martinets qui, tous les ans, quelque soit le vent ou même la température, reviennent placer leur nid dans le lieu qu'il occupait l'année précédente.

D'autres migrations, également périodiques, ne sont pas aussi constantes, en ce sens que l'on ne voit pas revenir tous les ans les mêmes individus, et que leur nombre, d'une année à l'autre, présente souvent de grandes différences. Les chasseurs, aussi bien que les savants, trouveront sans doute quelque intérêt à se rendre compte des circonstances qui influent sur la direction de ces migrations et sur le nombre des individus qui en font partie.

Parmi les oiseaux voyageurs, les espèces aquatiques sont celles qui s'avancent le plus vers le nord. Quand elles se portent vers nos climats tempérés, soit pour éviter le froid, soit pour se procurer une nourriture plus à leur goût ou plus abondante, leur nombre est presque toujours en raison du degré de rigueur de l'hiver.

Les échassiers, plus que les palmipèdes, semblent craindre le froid; ils se rapprochent moins des régions polaires et n'attendent pas que la mauvaise saison soit bien avancée pour se montrer dans nos régions tempérées.

En général, les espèces aquatiques suivent dans leurs voyages les côtes de la mer ou le cours des grands fleuves, en se dirigeant vers les régions où il y a des lacs et des étangs. Elles vont s'abattre dans les hautes herbes des marais, dans les prairies inondées, dans les étangs salés qui ne gèlent pas.

D'autres espèces, très-différentes par leur manière d'être, appartenant au genre des merles, opèrent leurs migrations dans la direction des chaînes de montagnes.

Nous ne voyons arriver les espèces purement insectivores, telles que les hirondelles, les martinets, les gobe-mouches, les engoulevents qu'au moment où déjà quelqu'adoucissement de température a fait naître une quantité d'insectes suffisante pour leur nourriture, et sitôt qu'elles pressentent l'approche d'un froid qui va faire disparaître ces mêmes insectes, elles s'éloignent de notre climat. Ces oiseaux, par une nécessité de leur organisation, s'avancent beaucoup plus vers le sud que vers le nord.

Les espèces granivores préfèrent naturellement les régions du midi aux régions du nord; mais elles ne s'éloignent pas des limites de la zône tempérée, autant que les insectivores d'une part, ou les aquatiques de l'autre, et elles se dirigent dans leurs migrations à travers l'intérieur des terres qui peut leur offrir le genre de nourriture approprié à leurs besoins.

L'instinct qui porte ces dernières espèces à émigrer, n'est pas absolu; leurs voyages se subordonnent en général aux circonstances de l'atmosphère et au besoin de nourriture. Les linottes, les pinsons, les verdiers, ne nous quittent pas en général dans les hivers tempérés. Si dans le nord de la France, il est resté, vers la fin de l'automne, un grand nombre de ces oiseaux, on en augure que la neige ne tombera pas en grande quantité ou que le froid sera de peu de durée; si ces mêmes oiseaux arrivent dans les régions méridionales avant le commencement de l'hiver, les habitants de ces régions s'attendent à des neiges et à un froid prolongé.

Dans tous les temps, les cultivateurs ont regardé les arrivées et les départs des oiseaux comme les pronostics du changement des saisons. La nature, en effet, a donné aux oiseaux la faculté mystérieuse de pressentir quel sera l'état de l'atmosphère dans la saison qui n'est pas encore commencée.

Ces indications générales établissent, d'une manière assez évidente, que les passages des oiseaux ne peuvent pas s'opérer uniformément sur tous les points du continent.

Peu de pays sont fréquentés par un aussi grand nombre d'oiseaux que les bords français de la Méditerranée. Le département du Var l'est plus que tous ceux du même littoral, soit parce qu'il se trouve moins exposé aux vents et plus riche par sa végétation, soit parce que les plages sablonneuses et basses du golfe de Nice sont d'un accès plus facile aux oiseaux qui, en arrivant d'Italie, de Corse et d'Afrique, cherchent vraisemblablement à longer la mer pour rendre leur voyage moins pénible.

Toute la Provence abonde en oiseaux des espèces les plus diverses. Les fleuves et les rivières qui l'arrosent, l'élévation des montagnes boisées ou arides qui la traversent et dans lesquelles les rigueurs de l'hiver se font sentir lorsqu'une végétation précoce se montre avec éclat dans la vallée du Rhône et dans la région qui s'étend le long de la mer, les marais et les plaines incultes qui en occupent la partie méridionale, les golfes et les anses qui en dessinent les rivages, telles sont, ainsi que Polydore Roux l'a exprimé (1), les circonstances qui environnent d'un grand intérêt l'étude des oiseaux de cette contrée.

(1) Ornithologie provençale, 1825.

« Sur un sol si peu uniforme, nous dit ce même auteur, » sous un ciel alternativement froid et brûlant, il y a » beaucoup de diversité d'animaux.

» L'étendue du terroir de la ville d'Arles qu'inondent » en partie des étangs et des marais impraticables, le voi- » sinage de la mer, les terrains noyés de la Camargue et » mieux encore la solitude qui règne dans cette vaste en- » ceinte, contribuent à la beauté des oiseaux qui arrivent » des régions les plus lointaines. Les uns viennent y nicher, » les autres cherchent sous un ciel tempéré, un abri et des » aliments que leur refusent les pays du nord couverts de » neige et de frimats.

» Des fringilles, des bruants, des grives, des alouettes » et des fauvettes sédentaires en Provence, en parcourent » les différentes parties dans le courant de l'année, s'arrê- » tent aux montagnes alpines pendant l'été, y nichent et » redescendent en hiver dans nos plaines. D'autres vont » plus au nord et reparaissent successivement en automne » qui est l'époque à laquelle s'effectue le passage général de » presque tous les oiseaux que la présence des neiges et le » défaut de nourriture dans les contrées septentrionales » de l'Europe obligent à se répandre dans les pays méri- » dionaux. C'est alors aux approches de l'hiver que pré- » cèdent des pluies abondantes, d'épais brouillards et » qu'accompagnent des froids rigoureux, que viennent s'a- » battre en foule au bord de nos ruisseaux, sur nos étangs, » dans nos prairies humides et le long de nos côtes, des » légions de canards, de vanneaux, de pluviers et d'autres » échassiers et palmipèdes dont le nombre augmente en » proportion du froid qui se fait sentir. »

Une contrée voisine, le Languedoc, n'offre guère moins de ressources à cet égard que la Provence. Situé entre les dernières ramifications des Pyrénées à l'ouest, les Cévennes et la Lozère au nord, et la vaste embouchure de la vallée du Rhône au levant, le bas Languedoc est un lieu de refuge singulièrement favorable aux oiseaux de passage que les glaces de l'hiver et les tempêtes de l'été égarent et qui viennent chercher un abri dans notre pays (1).

Mais il importe de ne pas perdre de vue que toutes ces espèces variées d'oiseaux qui viennent aborder dans le midi de la France, n'y séjournent pour la plupart que peu de temps, à cause de l'aridité du sol et de l'absence d'arbres et de verdure. Ils se succèdent les uns aux autres, tant à l'arrivée qu'au départ; mais en général ils vont chercher d'autres lieux pour y faire un séjour plus prolongé.

Il se trouve à l'extrémité opposée de la France une autre région que diverses circonstances ont destinée à être le rendez-vous d'une grande multitude d'oiseaux; c'est celle que l'on désignait avant la révolution sous les noms de Lorraine et de Trois-Evêchés, départements de la Meurthe, de la Moselle, de la Meuse et des Vosges.

On a depuis longtemps observé (2) que les oiseaux étaient attirés dans cette contrée par les forêts dont elle est couverte, par les étangs nombreux et fort étendus qui y ont été conservés, par la quantité des vignes qu'on y cultive, enfin par les sources vives qu'on y rencontre dans presque toutes les forêts: les oiseaux à bec fin qui se nourrissent d'insectes, et en particulier, les rouges-gorges, la préfèrent à toutes les contrées voisines.

Certaines plaines étendues et découvertes, telles qu'on les voit dans la Beauce, départements d'Eure-et-Loir et du Loiret, et dans les départements de Tarn-et-Garonne et de

(1) Ornithologie du Gard et des pays circonvoisins, par Crespon, 1840.

(2) *Aldrovandus Lotharingiæ*, par Buc'Koz, 1781.

Lot-et-Garonne, sont de même, à l'époque des grands froids, le refuge de la presque totalité des alouettes des pays circonvoisins.

On ne saurait passer sous silence les landes de la Gascogne, départements des Landes et de la Gironde. Les pigeons sauvages y abondent dans quelques localités; sur les dunes, on fait une chasse très-productive aux petits oiseaux, tels que ortolans, linottes, bergeronnettes, rouges-gorges : une foule d'oiseaux aquatiques et maritimes, bécasses, hérons, canards, foulques, courlis, remplissent les taillis marécageux qui bordent les étangs et les rivières, et l'outarde, l'oie sauvage, la grue et même le cygne fréquentent les landes voisines des bois de pins appelés dans ce pays *pinadas*.

La Bretagne encore, doit à sa situation de presqu'île la présence d'une grande quantité d'oiseaux aquatiques, et quelquefois une grande affluence de bécasses qui lui arrivent vraisemblablement de l'Angleterre si fréquentée par ces oiseaux.

Dans l'île de Corse, les merles abondent par centaines de milliers.

En même temps que certaines contrées jouissent par privilége d'un grand nombre de passages d'oiseaux, quelques autres en sont presque totalement privées. Les parties élevées du centre de la France sont principalement dans ce cas. Qu'on réunisse de l'ouest à l'est les départements de la Haute-Vienne, de la Corrèze, du Cantal, du Puy-de-Dôme, de la Lozère, de la Drôme et de l'Isère, on formera une zône dans laquelle il est constant que les chasses des oiseaux de passage n'ont presque aucune importance, hormis pour les bécasses et pour les grives, qui comme on le sait, appartiennent principalement aux régions des montagnes. Quant aux espèces que l'on voit s'accumuler parfois sur notre littoral en si grandes quantités, elles ne parviennent dans ces hautes régions que par individus isolés, par couples, ou en familles peu nombreuses. Les oiseaux aquatiques particulièrement, franchissent à tire d'aile ces lieux qui ne leur offrent pas de ressources, ou bien ils ne s'y arrêtent que peu d'instants, ou enfin ils n'y sont pas en passage; s'ils y viennent, c'est pour y faire un séjour et vaquer à la reproduction.

Nous croyons que la région située entre la Basse-Seine et la Basse-Loire, comprenant l'Eure, le Calvados, l'Orne, la Manche, la Sarthe, la Mayenne, l'Ile-et-Vilaine, est une de celles où les passages d'oiseaux ont le moins d'importance, tandis que les parties des vallées de la Seine et de la Loire qui se rapprochent de l'embouchure de ces deux fleuves, sont mieux favorisées sous ce rapport.

Pour compléter cet ensemble de notions sur les passages des oiseaux, nous devons rapporter encore plusieurs circonstances essentielles de leur histoire.

D'abord il y a des espèces dont les passages n'ont rien de périodique, ni de régulier : leurs arrivées ont lieu à des intervalles plus ou moins éloignés, sans qu'on les ait jamais prévues.

Les becs-croisés, par exemple, oiseaux des pays froids et des montagnes, ne font des apparitions en France qu'à des époques indéterminées. On les voit rarement en Normandie. Ils se montrèrent en Provence dans l'année 1798, et l'on en prit des milliers de douzaines : avant cette époque les chasseurs méridionaux ne les connaissaient pas (1). Pendant l'été de 1838, il y en a eu un passage considérable dans le département du Nord (2).

Cinq ou six années s'écoulent quelquefois sans qu'on

(1) *Le Chasseur aux filets*, par Elzéar Blaze.

(2) Catalogue des oiseaux d'Europe, par Degland.

voie des tarins en Provence; puis ils y apparaissent en très-grand nombre.

Les outardes, les hérons sont regardés, en général, comme des espèces voyageuses, ou du moins leur passage est annuel et régulier dans quelques pays, irrégulier dans le plus grand nombre.

On n'aurait pas une idée parfaitement juste de la condition et de l'existence des oiseaux voyageurs, si l'on pensait que la totalité des individus de chaque espèce, après avoir séjourné plusieurs mois dans un pays, disparaît de ce même pays pour le reste de l'année.

Il est vrai que certaines espèces, notamment les hirondelles et les martinets, offrent un exemple de ces migrations complètes et qui ne laissent en arrière aucun individu. Le type tout opposé de l'oiseau sédentaire se rencontre dans le moineau.

Mais combien d'autres espèces ne sont ni tout-à-fait sédentaires, ni tout-à-fait voyageuses!

Dans le nord de la France, on regarde avec raison les perdrix grises comme des oiseaux sédentaires; elles s'y rencontrent effectivement pendant toute l'année: cependant on les voit quelquefois se rassembler par troupes considérables, puis elles émigrent vers des pays où elles sont regardées comme oiseaux de passage.

Les cailles, au contraire, sont de passage en tous pays: néanmoins il s'en rencontre toujours quelques-unes, même pendant l'hiver, dans nos contrées méridionales.

Malgré la régularité avec laquelle les grives et les bécasses font leurs migrations au printemps vers les pays du nord et vers les montagnes, quelques couples de ces deux espèces nichent pendant l'été jusque dans le midi.

On trouve également des bécassines en tout temps dans les diverses régions de la France, bien qu'après avoir passé la mauvaise saison dans la partie méridionale et tempérée de la France, elles regagnent en grande majorité, pendant les mois de mars et d'avril, le nord, leur pays natal.

Un autre exemple plus à remarquer encore, c'est celui des canards sauvages. A l'approche de la belle saison, on les voit émigrer vers les régions voisines des glaces : cependant il en reste un nombre assez considérable qui, pendant la même saison, niche au milieu de nos étangs, de nos lacs et de nos marais. Les tadornes eux-mêmes, oiseaux essentiellement septentrionaux, se rencontrent dans toutes les saisons, quoique en petit nombre, au milieu de nos étangs du midi, et ils y nichent même régulièrement. Ce fait tend à confirmer l'opinion que les migrations qui ne sont pas impérieusement déterminées par le besoin de nourriture, sont faites principalement en vue de la reproduction des espèces. Ce n'est pas en effet à cause du climat seulement que les canards sauvages préfèrent les régions du nord pour la formation et l'éducation de leurs couvées; car on sait que les chaleurs de l'été près de la zône arctique ne sont pas moindres que dans la zône tempérée de l'Europe : ce qui attire principalement ces espèces du côté du nord, c'est la solitude des lacs et des îles où elles trouvent plus facilement que dans les régions peuplées de l'Europe l'asile paisible dont elles ont besoin.

On cite des familles d'oiseaux, les ramiers, les tourterelles, les râles d'eau, plusieurs variétés des mouettes et des chevaliers, qui sont, dans quelques pays, complètement sédentaires, et, dans quelques autres, de passage périodique ou accidentel.

Enfin la plupart des espèces qui appartiennent particulièrement à notre zône tempérée sont, ainsi que d'ailleurs nous l'avons déjà indiqué, en partie sédentaires, en partie voyageuses. Dans quelque canton que ce soit, on les trouve à peu près constamment, mais en plus grande abondance pendant une saison que pendant l'autre. Telles sont les alouettes qui, bien qu'elles émigrent jusqu'en Afrique, ne quittent jamais en totalité, même au plus fort de l'hiver, aucune partie de la France. Tels sont encore les rouge-gorges, les linottes, les verdiers, les chardonnerets, les fauvettes, la plupart des mésanges. En outre, dès qu'elles se sont réunies en bandes à l'approche de l'hiver, elles ont, dans leurs déplacements, quelque restreints qu'ils soient, les allures qui caractérisent les espèces voyageuses.

Consignons encore ici deux observations qui peuvent n'être pas sans quelque utilité pour l'application de la loi.

Premièrement, chez beaucoup d'espèces, les jeunes oiseaux et les vieux ne voyagent pas ensemble. Ces derniers portent ordinairement plus loin leurs migrations. Souvent même les âges différents prennent des routes différentes.

Dans quelques espèces, celle des ortolans, par exemple, les mâles précèdent les femelles.

Secondement, il y a des espèces qui se mêlent les unes avec les autres dans leurs passages.

C'est, il est vrai, en troupes séparées que les différentes espèces de canards sauvages arrivent du nord; mais, dans les temps de dégel, toutes ces espèces se confondent ensemble dans nos marais.

Les bandes des vanneaux sont très-souvent réunies à celles des pluviers dorés lorsque ces oiseaux arrivent.

On voit pendant l'hiver les étourneaux se mêler en grandes troupes aux bandes de corneilles qui ravagent nos champs.

De même, les moineaux et les pinsons qui se forment vers la fin de l'automne en troupes considérables, et qui, pendant l'hiver, s'approchent des habitations et pénètrent jusque dans les dépendances des fermes, sont accompagnés souvent de bruants jaunes et de bruants zizis ou proyers.

Du concours de ces diverses circonstances résulte une assez grande complication dans le problème dont nous avons voulu rassembler et coordonner les éléments, et qui consiste à reconnaître en quels cas il y a lieu, soit de permettre les chasses des oiseaux de passage dans le temps de prohibition générale de la chasse, soit d'autoriser l'emploi de modes et de procédés particuliers.

Et d'abord, revenant à notre point de départ, voyons quelle sera l'étendue de la signification légale du mot *oiseaux de passage*.

Bien évidemment, l'arrêté préfectoral ne comprendra pas indistinctement toutes les espèces plus ou moins nomades qui font leur passage dans le département; car l'intention du législateur n'a pas été d'admettre ces chasses exceptionnelles, simplement à titre d'exercice ou de passe-temps, comme la chasse à tir et la chasse à courre: il a eu surtout en vue de conserver à des localités nombreuses une ressource d'alimentation et de commerce. Or, il faut pour cela que les passages des oiseaux soient de quelque importance. Le nombre des espèces d'oiseaux susceptibles d'être chassées en temps et par modes exceptionnels est donc nécessairement restreint.

Dans l'acception de la loi comme dans l'acception de la science, il n'existe pas d'oiseaux qu'on puisse qualifier oiseaux de passage pendant la durée entière de l'année. Aussitôt que ceux qui sont arrivés au printemps ont pris gîte et formé leur nid, ils deviennent oiseaux sédentaires.

C'est donc exclusivement lors de leur arrivée et lors de leur départ qu'il y a lieu d'en faire la chasse.

On pourra toutefois agir différemment à l'égard des oiseaux qui viennent chercher un refuge momentané contre la rigueur de la saison. Leur séjour, dût-il se continuer plusieurs mois, sera regardé comme un temps de passage.

Ainsi les chasses d'exception prévues par la loi ne concernent que des oiseaux voyageurs, et de plus elles ne s'appliquent à ces oiseaux que dans certaines conditions, notamment lorsque, ayant quitté un de leurs séjours d'habitude, ils sont en route pour chercher un autre séjour. Et pour rendre notre idée, il ne faudrait pas dire la chasse des oiseaux de passage, mais la chasse des oiseaux en passage.

Ici se présente à nous un ordre de considérations que nous croyons être de l'essence même de notre sujet. Pour établir les réglements relatifs à certaines chasses, il est indispensable de caractériser les espèces d'oiseaux en raison de leur nourriture ou d'après leur utilité.

Les oiseaux de proie ou de rapine, qu'ils soient ou non voyageurs, ne sauraient être rangés parmi les oiseaux de passage et classés comme tels en vertu de la loi. Il est impossible en effet de les considérer comme gibier, puisqu'ils ont, ainsi que tous les animaux purement carnivores, une chair de mauvais goût. La faculté de détruire ces oiseaux n'est pas une faveur que l'Administration ne doive accorder qu'avec réserve : leur destruction est au contraire une œuvre utile qu'elle doit encourager. Ces oiseaux ne peuvent être classés que parmi les animaux malfaisants et nuisibles.

Certaines espèces participant de la nature des oiseaux de rapine, à raison des dommages qu'elles causent parfois aux biens de la terre, réunissent en même temps des qualités qui les font rechercher comme gibier. Ainsi, les tourterelles, les bisets et les ramiers qui se jettent dans les semailles ou dans les moissons et qui les dévorent, les oies sauvages qui dévastent les blés verts, les ortolans qui ravagent les avoines, les grives et les merles qui pillent les raisins, ce sont là des oiseaux destructeurs. Mais la chair des tourterelles et des ramiers est bien appréciée; celle des jeunes bisets est tendre et de bon goût; les oies sauvages sont une ressource d'alimentation en hiver; les ortolans ont acquis par leur graisse une réputation de mets royal; les grives et les merles sont fort recherchés pour nos tables, après les vendanges.

Conséquemment, ces espèces d'oiseaux peuvent être envisagées sous un double point de vue. Comme oiseaux destructeurs, il serait de l'intérêt de l'agriculture d'en faciliter la chasse par tous les moyens possibles; comme gibier, il convient d'en limiter la chasse, de manière à ne pas diminuer l'espèce en tarissant la source même de sa reproduction. Nous sommes ainsi conduits à étudier avec soin, sous ce point de vue, les habitudes de toutes les espèces, afin de faire la guerre aux unes, s'il importe principalement de protéger l'agriculture contre leurs dégâts, ou de ménager les autres, si nous devons principalement tenir à les conserver comme gibier.

Quelques oiseaux sont un aliment estimé; mais en même temps l'agriculture leur est redevable de la destruction d'un grand nombre d'insectes. Ce sont la plupart des oiseaux à bec fin, dont quelques-uns sont appelés souvent bec-figues, savoir : le gobe-mouche ou bec-figue proprement dit, certaines fauvettes, les pipis des buissons, les traquets, les moteux, les rouges-gorges, qui, après s'être engraissés dans l'automne, deviennent un manger délicieux.

Si cependant les qualités de leur chair nous paraissent moins précieuses que leur aptitude à détruire les insectes nuisibles, il sera à propos d'en restreindre la chasse pour favoriser la multiplication de ces auxiliaires intéressants de notre agriculture.

Un certain nombre de familles d'oiseaux, notamment parmi les échassiers, semblent n'offrir dans leur genre de vie aucune circonstance qui les rende soit utiles, soit nuisibles; en même temps elles sont estimées pour nos tables. La sarcelle, le râle de genêt, le pluvier-guignard, la marouette, la bécasse, la bécassine, la barge sont de ce nombre. La seule considération qui doive leur être applicable est celle de la conservation de l'espèce.

Il y a enfin des oiseaux dont l'utilité est si éminente, qu'il semble que notre préoccupation unique à leur égard doive être de les conserver et de les faire multiplier. C'est le motif du respect que les cigognes et les hirondelles inspirent dans quelques pays.

Les qualités dominantes qui sont propres à chaque famille d'oiseaux, vont déterminer le point de vue sous lequel nous allons parler de chacune.

Les unes se classeront parmi les oiseaux de passage, envisagés principalement comme gibier; d'autres dans la catégorie des oiseaux nuisibles; quelques-unes enfin trouveront leur place parmi les espèces auxquelles protection est due dans l'intérêt de notre agriculture.

Nous croyons que les désignations des espèces d'oiseaux doivent être faites dans les arrêtés préfectoraux, conformément aux usages des localités, et il nous semble qu'il serait inutile, peut-être même préjudiciable, d'indiquer les simples variétés. Des désignations à la fois larges et précises suffiront pour prévenir toute équivoque, et pour rendre la constatation des contraventions facile et régulière.

Suivant la rigueur de la loi, il faudrait que le chasseur relâchât tout oiseau dont la capture n'aurait pas été autorisée, soit quant à l'époque, soit quant au procédé, par l'arrêté préfectoral. Mais comme peu de chasseurs auraient le scrupule de se conformer à une pareille prescription, il importe d'avoir égard aux habitudes des espèces et de discerner aussi bien celles qui se tiennent séparées que celles qui se mêlent les unes aux autres, afin d'éviter une rédaction ambiguë qui induirait les chasseurs à commettre des infractions involontaires.

Définissons maintenant les principes qui serviront à régler, c'est-à-dire à limiter les chasses dont il s'agit, soit par rapport aux époques, soit par rapport aux modes et aux procédés.

Des conseils généraux de département, au nombre de plus de vingt-cinq, ont exprimé l'opinion qu'il n'y avait pas lieu à admettre pour les chasses des oiseaux de passage ces sortes d'exceptions. Ces départements sont principalement ceux que nous avons déjà ci-dessus désignés comme peu fréquentés par les oiseaux de passage, hormis par les bécasses, les bécassines, les oies et les canards sauvages, dont les passages s'opérant à peu près entièrement dans l'intervalle de temps compris entre les deux époques ordinaires de l'ouverture et de la clôture de la chasse, semblent par cette raison ne devoir pas être l'objet d'autorisations particulières.

On a craint que les chasses exceptionnelles ne donnassent un prétexte pour chasser toutes les natures de gibier.

Dans les départements où les chasses des oiseaux de passage présentent assez d'importance pour qu'on ait cru indispensable de les maintenir, tout ce qui concerne le règlement des époques se ramène à un seul principe général : c'est qu'il n'y a pas lieu d'autoriser la chasse des oiseaux, même les plus essentiellement voyageurs, dans les temps où ils sont chez nous à l'état d'oiseaux sédentaires, c'est-à-dire au moment où leur reproduction s'opère.

La chasse des oiseaux de passage dans le printemps, offre donc pour l'ordinaire des inconvénients sous un point de vue d'intérêt général; et au surplus, elle est peu avantageuse, car les oiseaux qui nichent et se reproduisent pendant la belle saison dans notre pays, font leur passage d'arrivée très-rapidement, de telle sorte que le chasseur n'a pas le loisir d'en profiter. Quant aux chasses de l'été ou de l'automne, elles ont naturellement pour chaque espèce une époque qui se détermine par rapport à ses habitudes.

Comme les voyages qu'opèrent la plupart des espèces nombreuses sont en général régulièrement périodiques, MM. les Préfets pourront d'avance fixer l'ouverture et la clôture périodiques de ces chasses. En ayant l'attention de restreindre plutôt que d'étendre la durée de ces époques, ils n'auront à redouter aucune erreur grave, quelles que soient d'ailleurs les variations produites par l'influence des saisons dans les migrations des espèces.

Pour ce qui regarde les passages accidentels des espèces vagabondes ou erratiques, MM. les Préfets ne pourront que prendre conseil de l'évènement, et faire la règle selon la circonstance.

Relativement aux modes et aux procédés de la chasse des oiseaux de passage, le problème à résoudre dépend à à la fois de l'interprétation de la pensée du législateur et de l'appréciation des cas.

Ce serait, selon nous, déroger au vœu de la loi que d'appliquer à ces chasses tous les procédés, filets et engins précédemment en usage.

Nous croyons que la loi a proscrit irrévocablement les filets à traîner de diverses sortes qui cernant et couvrant toute une pièce de terre, enlèvent d'un seul trait ce qu'elle renferme de cailles et de perdrix, vastes linceuls que les braconniers ont justement appelés *draps des morts*, et qui consomment à la fois la destruction des espèces et le dégât des récoltes.

La loi nous semble encore avoir dû proscrire ces lacets de grande force et de grande dimension que l'on place sur une ligne non interrompue, soit dans les vignes, soit dans les champs, bois et bruyères, et vers lesquels des traqueurs dirigent, de coteau en coteau, le gros gibier à plumes. Les bourses en filet que l'on déploie sur des branches de bois courbées en arc et plantées en terre par les deux bouts, les collets en corde, ficelle, fil de fer amolli, que l'on pose à terre ou que l'on place dans les interstices des haies, nous semblent également de nature à être prohibés en général; car, lors même que l'intention de celui qui pose ces lacets aura été de n'y prendre que des bécasses, ce sont des lièvres et des perdrix qui s'y trouvent pris le plus fréquemment. On essayerait en vain de restreindre l'usage de ces engins à une chasse déterminée à l'avance.

En règle générale, les moyens qui sont plutôt de destruction que de chasse, les instruments qui s'emploient clandestinement, tiennent du braconnage et ne peuvent être légalement employés.

Mais il ne faut pas en conclure que la loi ait proscrit d'une manière absolue l'emploi du filet.

Le législateur s'est proposé d'atteindre des habitudes nuisibles ou coupables, mais non de contrarier des habitudes innocentes, ou d'enlever à des populations entières des industries qui s'exercent loyalement depuis un temps immémorial.

Mais ici encore la crainte de favoriser les abus provoque des objections.

Le Conseil général de la Marne, qui n'aurait vu aucun inconvénient à autoriser l'emploi des nappes [1] pour la chasse des alouettes, s'est décidé néanmoins à en proscrire l'usage, croyant qu'il serait impossible de prendre des mesures efficaces pour prévenir l'abus qu'on peut faire de ces filets.

En effet, a-t-on dit, il n'y a nulle différence entre une nappe du filet à alouette et une tirasse pour la chasse de la caille; il n'y en a aucune entre le filet destructeur connu sous le nom de drap des morts, et celui qui peut être formé de plusieurs nappes d'un filet à alouettes, réunies accidentellement.

On a cru trouver le moyen de parer à cet abus en imposant à tout possesseur d'un filet l'obligation d'en faire déclaration à la mairie, et en décidant que tout chasseur ne pourrait avoir qu'un seul filet sur lequel une marque serait apposée.

Mais, ajoute-t-on, la réunion de plusieurs filets peut toujours être opérée pour en faire usage pendant la nuit. Autoriser la possession de ces filets, n'est-ce donc pas déroger à l'esprit de la loi, qui a tellement voulu proscrire l'emploi des filets pour la chasse, qu'elle a ordonné de saisir tout engin de cette sorte trouvé à domicile, quelqu'innocente que soit l'intention de celui qui le possède?

Il y a toutefois des filets qui, à cause de leur poids, de la dimension de leurs mailles, de la grosseur de la corde avec laquelle ils sont confectionnés, ne peuvent être transformés en draps des morts; telles sont les nappes

[1] On trouvera, à la fin de ce travail, la définition et la description sommaire, par ordre alphabétique, des engins, piéges, filets et instruments de chasse qui vont être mentionnés.

pour canards ou même pour vanneaux et pluviers. On pourra donc en autoriser l'usage spécial et exclusif pour ces chasses, pourvu que l'on détermine la dimension des nappes, l'ouverture des mailles et la grosseur de la corde.

Les filets qui se manœuvrent sans déplacement du chasseur semblent ne pas être de ceux qui appartiennent au braconnage.

Mais au surplus, en dehors des prohibitions absolues et d'ordre public qui excluent désormais l'emploi de certains filets, c'est par la nature des lieux, par celle du gibier, et d'après un grand nombre de circonstances que l'on discernera ceux qui seront susceptibles d'être autorisés. Ainsi, en principe général, les pantières [1], ces vastes filets qui s'établissent perpendiculairement sur une hauteur de douze mètres et sur une longueur souvent plus grande, devront être interdits; on y prend quelquefois des compagnies entières de perdrix. Il est cependant impossible de faire quotidiennement abus d'un instrument de si grand appareil : en aucun cas on ne le dressera furtivement. C'est donc un instrument de chasse, non de braconnage, et il se présentera des circonstances et des lieux où l'on pourra en autoriser l'usage. Ainsi les immenses filets qui, dans les Pyrénées, servent à capturer en grandes quantités des pigeons sauvages, sont établis dans des gorges où nul autre gibier ne peut venir s'y prendre; l'usage qu'on en fait est aussi notoire que possible. Si donc il y avait lieu à les interdire, ce serait par des raisons qui auraient uniquement pour objet la conservation de l'espèce des pigeons sauvages.

L'emploi des filets et lacets de petite dimension pour la chasse des alouettes, grives et autres oiseaux de cage ne serait guère nuisible qu'autant que l'on donnerait, soit

[1] Voyez ce mot à la fin.

aux lacets, soit aux réseaux, plus de force qu'il n'en faut pour la capture de ces oisillons, ou qu'on réunirait un certain nombre de filets sur un même point, de manière à les appliquer à des chasses plus considérables.

Si l'on se préoccupait de tous les abus de détail dont une loi de police peut devenir l'occasion, aucune loi de cette nature ne paraîtrait exécutable. Or, en dernière analyse, l'intention du législateur n'a certainement pas été de prohiber d'une manière absolue l'emploi des procédés exceptionnels de chasse. Que ces procédés puissent donc être autorisés, si d'après un examen attentif des circonstances, aucun intérêt ne semble devoir en souffrir d'une manière inévitable. Pourvu que les arrêtés soient conçus avec précision, il suffira pour éviter la plupart des abus, que l'on fasse exercer la surveillance assidue commandée par la loi.

C'était surtout dans le midi que la tolérance de la loi à l'égard de la chasse aux filets était indispensable. L'oisellerie, dans cette partie de la France, est une véritable profession, qu'entretiennent pendant l'année presque entière des passages multipliés d'oiseaux; on y compte les oiseleurs par centaines. Aussi MM. les Préfets des départements méridionaux ont ils sagement usé l'an dernier de la faculté que la loi venait de leur conférer, en accordant généralement une grande latitude à l'exercice de ces sortes de chasses.

Ces indications générales vont se compléter par les développements que nous allons donner, soit immédiatement au sujet des différents oiseaux de passage, soit ultérieurement au sujet de la destruction des animaux nuisibles, et des prohibitions relatives à la destruction des oiseaux.

Les classifications des naturalistes ne sont pas indispensables pour l'intelligence de nos idées.

Ce qui importe ici, comme dans les arrêtés de MM. les Préfets, c'est de désigner les espèces d'oiseaux par les dénominations qui sont les mieux déterminées, les plus fixes et les mieux connues : à ce point de vue, les notions de la science rectifient les notions vulgaires, mais en même temps elles doivent s'y subordonner.

Nous allons nous occuper en premier lieu des oiseaux qui, appartenant aux pays méridionaux, nous arrivent au printemps, et repartent en automne, et qu'on peut appeler oiseaux d'été; puis, des oiseaux qui, appartenant aux pays septentrionaux, arrivent en automne et repartent au printemps, et qu'on peut qualifier oiseaux d'hiver; enfin, des oiseaux qui, bien que voyageurs, peuvent être regardés comme indigènes, attendu qu'ils appartiennent à notre pays, et que tout en voyageant, soit du nord au midi, soit du midi au nord, ils ne s'éloignent que momentanément et pour peu de temps de la zone que nous occupons.

Cailles. Commencer par les cailles cette revue des oiseaux de passage, n'est-ce pas, tout d'abord, nous mettre en contradiction avec la loi? Car bien que la nature ait donné aux cailles la vocation et les instincts les plus déterminés des oiseaux de passage, le législateur a cru devoir soumettre la chasse des cailles à la règle qu'il a établie pour la chasse du gibier sédentaire. C'est une exception toute spéciale dont les motifs, vivement appuyés pendant la discussion de la loi, n'ont pas été, depuis lors, moins contestés.

Depuis dix ou quinze ans, l'abondance des cailles a diminué sensiblement et d'une manière générale dans notre pays. Pour expliquer cette diminution, on a dit que les habitants du littoral de la Méditerranée prennent, au moyen de filets, ces oiseaux en très-grande quantité, lorsqu'ils arrivent fatigués de leur long voyage à travers la mer. Tel est le motif de la disposition introduite dans la loi concernant les cailles.

Voici les faits et les raisons que les habitants du midi emploient à la combattre [1].

Ce n'est pas de notre temps seulement qu'on a vu plusieurs passages de cailles peu considérables ou presque nuls se succéder. Tout porte à croire qu'il en a été de même dans toutes les époques. Les passages extrêmement abondants des années 1827 et 1828 avaient été précédés de cinq ou six autres médiocres. Depuis cinquante ans on ne compte guère que huit ou neuf passages remarquables par leur abondance.

La diminution du nombre des cailles en France ne saurait être attribuée à une diminution de l'espèce ; car elles existent dans toutes les régions chaudes ou tempérées de l'ancien continent, dans toute l'Afrique et notamment en quantités immenses dans plusieurs régions du Levant jusqu'en Chine et dans beaucoup d'îles de la Méditerranée.

Quand nous les voyons moins nombreuses, c'est que leur migration, entravée par diverses circonstances, ne s'est pas étendue jusqu'à nos rivages. Elles ne nous viennent pas toujours des côtes d'Afrique qui regardent la France, mais aussi bien des contrées orientales où elles séjournent pendant l'hiver, de l'Arabie, de l'Egypte, de la Syrie. Parmi les régions tempérées de l'Europe, les plus occidentales sont celles qui voient le moins de cailles, et

[1] On en trouvera le développement ingénieux dans le *Journal des Chasseurs*, Nos de janvier 1838 et mars 1845, articles signés *le Vieux Chasseur* (marquis de Roquefeuille). Ce ne sont pas au surplus des hypothèses, mais le résultat des observations des chasseurs, des voyageurs et des naturalistes. Le témoignage de Buffon n'en diffère en aucun point essentiel.

la France est un des points extrêmes de leur migration. Avant d'y parvenir, elles rencontrent des îles et des presqu'îles dont le climat ou les productions les captivent, ou bien les vents n'ont pas été favorables à leur direction vers nous; elles s'arrêtent en chemin ou elles tournent ailleurs, ou enfin elles périssent sur la surface de la mer [1].

On comprend, d'après cela, qu'il y a beaucoup d'exagération à supposer que quelques milliers de cailles détruites au moment de leur arrivée, par les chasseurs du midi, soient une proportion considérable, ou même sensible, dans le nombre de toutes celles qui pullulent aux alentours de la Méditerranée ou dans le Levant.

[1] Le vent favorable n'est pas celui qui souffle vers le but de leur voyage, c'est celui qui vient à leur rencontre. Aristote (histoire des animaux, livre 8, chap. 12) a fort bien dit que c'était le vent du nord qui favorisait l'arrivée des cailles, et que le vent du midi la rendait plus difficile. Cette observation contestée par Buffon, article de la *Caille*, ne l'est plus aujourd'hui. Le célèbre ornithologiste allemand Brehm en a donné la démonstration (voyez *Bulletin universel* de Férussac, sur la migration des oiseaux, avril 1830). Les chasseurs ont observé que les ortolans et les pluviers volent toujours le bec au vent. Si l'on n'a pas aussi bien vérifié le même fait pour toutes les espèces d'oiseaux, c'est à cause de l'extrême élévation à laquelle elles parviennent dans leurs migrations. Mais elles n'ont pu s'élever ainsi qu'à la faveur d'un vent contraire. En effet les ailes des oiseaux étant plus ou moins concaves sont soulevées par le vent qui souffle en face : la force qui en résulte, combinée avec la pesanteur de l'oiseau, détermine presque sans efforts le mouvement d'arrière en avant, tandis que le vent qui souffle par derrière, au lieu de soulever l'oiseau, le précipite en bas. C'est par l'effet de ce mécanisme que les cailles, bien qu'ayant peu d'aptitude à voler, s'élèvent dans leurs voyages à perte de vue; mais elles ne peuvent suivre que la direction précisément contraire au vent, d'où il résulte que c'est le vent plutôt que leur volonté qui désigne le point de leur arrivée; les oiseaux bons voiliers, au contraire, les hirondelles, par exemple, savent, tout en montant le vent, louvoyer de manière à atteindre le lieu qu'elles ont pris pour destination.

Il y a encore quelque exagération dans l'allégation de ces captures immenses opérées sur la plage au moment où les cailles viennent s'y abattre. Les chasseurs, comme les naturalistes, savent que les grands déplacements des cailles ont lieu vers le crépuscule ou pendant la nuit, surtout lorsqu'il fait clair de lune[1]. Il est très-rare, dit Buffon, de les voir arriver de jour. Peu de personnes se trouvent donc là pour les saisir quand elles arrivent. Puis, comme elles volent très-haut dans les régions de l'atmosphère, ce n'est pas toujours sur la plage, mais souvent beaucoup au-delà, qu'elles prennent terre.

Ajoutons qu'en général elles ne séjournent que peu de temps dans le midi, d'où la sécheresse les fait partir. Comme elles ont du goût pour les lieux un peu humides, elles vont se réfugier de préférence dans les champs de nos départements du centre et du nord, où les filets sont mis en usage, tout aussi bien que dans le midi, pour leur destruction.

En outre, on conteste que les filets soient employés à opérer en grand la capture des cailles lorsqu'elles arrivent Cette sorte de chasse ne se pratique pas en automne, mais seulement au printemps, lors du retour des cailles. Elle ne peut avoir lieu en effet qu'au moyen d'appeaux vivants; or, comme au printemps, les cailles chantent de toutes parts dans les champs, les appeaux n'en attirent aucune vers les filets, qui sont d'ailleurs un appareil con-

(1) Beaucoup de familles d'oiseaux, indépendamment des cailles, voyagent pendant la nuit, notamment les ortolans, les bécasses, les merles, les hérons, les grues, les râles, les rossignols, etc. Le crépuscule est le moment qu'elles préfèrent et en général elles ne cessent pas leur passage avant le lever du soleil; mais, à moins que le ciel ne soit entièrement voilé par les nuages, elles ne le prolongent guères au delà de 8 ou 9 heures du matin.

sidérable et un objet de grandes dépenses que peu de personnes sont en état de faire.

La loi du 3 mai 1844, en privant les habitants de quelques départements méridionaux des produits éventuels de la chasse des cailles, afin de réserver une plus forte part de ce gibier aux départements du nord, a-t-elle donc atteint son but? L'interdiction qu'elle a prononcée n'est d'aucun effet pour la conservation de l'espèce en général; car l'espèce répandue sur de vastes continents est à la discrétion d'un grand nombre de peuples, qui ne songent pas à faire entre eux un accord général pour la respecter ou pour la ménager. On ne voit pas qu'il en résulte non plus, pour la France en particulier, un avantage bien sensible; car, indépendamment de la faible importance réelle du nombre de cailles détruites par les chasseurs du midi, il faut observer que les cailles n'ont pas, comme certaines espèces d'oiseaux de passage, les hirondelles, par exemple, dont le retour annuel est constant et assuré, une affection, un attachement d'habitude et héréditaire pour un canton et un lieu déterminés. N'ayant que peu d'aptitude à voler, elles subordonnent la direction de leurs voyages à celle des vents, en sorte qu'elles abondent, tantôt dans un pays, tantôt dans un autre. D'ailleurs cette relation entre les lieux et les oiseaux ne peut que faiblement s'établir pour une espèce polygame, telle que les cailles, dont les mâles, comme l'a dit Buffon, n'ont d'attachement de préférence pour aucune femelle en particulier; car les accouplements, dans cette espèce, sont fréquents, mais on ne voit pas un seul couple; il n'y a point de mariage, ou plutôt il n'y en a qu'un seul, de tous les mâles avec toutes les femelles.

De ce que la loi n'a pas voulu que les cailles fussent traitées comme oiseaux de passage, il résulte que la chasse de ce gibier se trouve beaucoup réduite, car elles n'arrivent jamais qu'en avril, longtemps après la fermeture de la chasse, et leur départ, qui commence vers le milieu d'août, avant que la chasse soit généralement ouverte, est déjà opéré pour la plus grande partie vers le milieu de septembre.

Tels sont les griefs et les reproches qui ont été élevés contre la loi du 3 mai 1844, au sujet des cailles. Quelle qu'en puisse être l'exactitude, les chasseurs du nord, de l'est et du centre de la France ne la reconnaîtront vraisemblablement pas, à moins qu'une grande abondance de cailles, pendant plusieurs années consécutives, ne vienne les consoler de la pénurie prolongée de ce gibier.

Si l'on se reporte aux principes que nous avons exposés, on pressentira que nous nous associons sans réserve à l'intention qu'a eue le législateur d'interdire la chasse des cailles à l'arrivée; il n'est pas possible, en effet, de nier entièrement qu'il s'opère, sinon tous les ans et sur tous les points du littoral de la Méditerranée, du moins quelquefois et dans quelques lieux, particulièrement aux environs de Fréjus, une immense destruction de cailles qui se laissent prendre presque à la main. Si, plus tard, il était reconnu que la rigueur de la loi dût fléchir, ce serait pour la chasse d'automne, car aucun intérêt bien important ne semble exiger que l'on ménage, au moment où ils vont nous quitter, des oiseaux qui, pour la plupart, ne reviendront pas.

Ortolans. — Ce nom se donne à des espèces diverses connues également sous d'autres noms, et qui se recommandent toutes par la délicatesse de leur graisse. Il ne sera question ici que de l'Ortolan proprement dit, ou des gourmands.

On le trouve en abondance dans nos provinces méridionales et presque jusqu'à la hauteur de la Loire; déjà peu répandu en Anjou, il est rare en Normandie; dans quelques cantons à l'est, il se trouve assez communément, surtout en Bourgogne, au milieu des vignobles, où il se nourrit d'insectes sans toucher aux raisins, et jusque dans les Ardennes où il niche au milieu des blés et dans la Flandre au milieu des colzas [1].

Les ortolans arrivent, dès les premiers jours du printemps, par petites troupes de six à vingt individus venant d'Italie; ce passage d'arrivée dure environ un mois, tant en avril qu'en mai. Ils remontent de la Basse-Provence vers la Bourgogne et se répandent principalement dans l'Agenois, l'ancienne Gascogne et le Béarn; ils sont très-communs dans le département des Landes, surtout aux alentours de Saint-Sever et de Dax [2]. Leur migration de retour s'opère avec plus de lenteur; c'est alors qu'ils aiment à se jeter dans les champs semés d'avoine, où ils causent parfois beaucoup de dommages; dès la fin de juillet, on les voit redescendre de la Bourgogne vers le Languedoc et la Provence; il y a des contrées qu'ils ne font que traverser rapidement, soit dans l'aller, soit dans le retour : telles sont celles du Forez, du Lyonnais, du Dauphiné; et encore, dans le département de l'Isère, on ne les voit passer que dans la vallée de la rivière de ce nom [3]. En septembre, il ne reste plus aucun ortolan

(1) Faune de Maine-et-Loire, par Millet. — Histoire naturelle de la Normandie, par Chesnon, 1835. — Catalogue des oiseaux d'Europe, par Degland.

(2) Catalogue des oiseaux des Landes et des Pyrénées occidentales, par Darracq, inséré dans les actes de la Société Linnéenne de Bordeaux en 1836.

(3) Ornithologie du Dauphiné ou des départements de l'Isère, de la Drôme et des Hautes-Alpes, par Bouteille et Labatie, 1843.

dans le nord de la France; leur séjour paraît s'abréger également dans notre centre méridional; mais vers l'automne, ralentis sans doute par un embonpoint croissant, ils n'achèvent guères qu'en novembre leur passage sur le littoral de l'Océan et de la Méditerranée et du côté des Pyrénées.

Puisqu'ils ont deux passages, il y a deux époques dans l'année pour en faire la chasse. Mais la chasse au retour paraît avoir été, depuis un temps immémorial, beaucoup plus suivie que la chasse à l'arrivée. On trouve sur ce sujet le passage ci-après dans un livre publié il y a plus de cent cinquante ans : (1) « Les ortolans arrivent au mois d'avril » comme les cailles, et s'en vont aussi au mois de septem- » bre. La saison de les prendre est dans les mois de juil- » let, août et septembre. On en pourrait bien prendre » quelques-uns quand ils arrivent, mais l'on ne s'y amuse » guère..... »

Convient-il d'autoriser la chasse des ortolans pour la passe de retour et pour celle de l'arrivée ou pour l'une des deux seulement, et pour laquelle? Telle est la question qui s'est présentée l'année dernière à l'appréciation de MM. les Préfets et des Conseils généraux. Treize départements (2) ont admis pour la chasse des ortolans une époque d'exception : sur ce nombre, dix limitent la permission exclusivement à l'été, par où l'on voit que l'usage le plus général est aujourd'hui le même qu'autrefois. La chasse au printemps n'a été autorisée que dans les dépar-

(1) Les ruses innocentes dans lesquelles on prend les oiseaux passagers et les non-passagers, etc., par F. F. F. R. D. G. (Frère François Fortin, religieux de Grammont) dit le Solitaire inventif, 1688.

(2) Ardèche, Gard, Hérault, Tarn, Tarn-et-Garonne, Haute-Garonne, Pyrénées-Orientales, Ariége, Hautes-Pyrénées, Basses-Pyrénées, Landes, Gers, Lot-et-Garonne.

tements des Pyrénées-Orientales, des Landes et de Lot-et-Garonne.

Dans les Pyrénées-Orientales, les ortolans qui commencent à se montrer vers les premiers jours du printemps se tiennent d'abord sur le littoral d'Argelès à Banyuls, ne s'écartant guères que de quelques mètres de la mer. On en continue la chasse jusqu'à la fin de mai.

C'est dans le sein des Conseils généraux des Landes et de la Gironde que la préférence entre les deux époques est devenue l'objet d'un véritable débat.

M. le Préfet des Landes avait, d'après l'avis d'un grand nombre de chasseurs, proposé au Conseil de n'autoriser la chasse des ortolans que pour le retour, c'est-à-dire depuis le 15 août, et de ne pas admettre de tolérance pour l'époque d'arrivée.

Le Conseil commença par établir en principe qu'il ne fallait autoriser cette chasse que pour l'une des deux saisons. Mais il se prononça pour l'époque du printemps qu'il jugea devoir être fixée du 12 avril au 20 mai. C'est, dit-il, pendant ce temps que cette chasse fournit la gastronomie d'un mets très estimé, et qui donne lieu pour la contrée à un commerce assez considérable. Quant à la chasse du mois d'août, elle est très-peu lucrative, et les oiseaux qu'elle procure ne sont guères destinés qu'à renouveler les appeaux pour la chasse de l'année suivante.

L'opinion contraire ne manqua pas d'arguments. On répondit que l'époque proposée par le Conseil est précisément celle pendant laquelle la chasse aux oiseaux doit être absolument interdite, parce que c'est alors qu'il font leur ponte ou du moins qu'ils prennent leur robe de noces. De plus, affamés soit par les privations de l'hiver, soit par les fatigues de leur migration, les ortolans se jettent alors avec avidité sur l'appât, et sont sujets à tomber facilement dans les pièges. On les détruirait donc avant qu'ils eussent multiplié; ce serait nuire à la reproduction de l'espèce. Enfin, dès cette époque, l'amour a commencé à les amaigrir, tandis qu'à la fin de l'été, et surtout dans l'automne, ils ont acquis quelqu'embonpoint; puis, c'est seulement au retour qu'on peut prendre les jeunes ortolans, dont la chair et la graisse seront toujours plus délicates que celles des vieux.

Cette dernière opinion n'obtint pas la majorité dans le Conseil général des Landes; elle prévalut, au contraire, dans celui de la Gironde, où les mêmes arguments et les mêmes faits furent invoqués pour et contre.

Il ne saurait nous appartenir de trancher cette question assez complexe, après qu'elle a été laissée indécise entre gens qui la connaissent bien, dans un pays où la chasse des ortolans est pratiquée depuis un temps immémorial : mais nous essaierons du moins de donner une explication de cette dissidence.

Généralement les ortolans sont regardés comme des oiseaux de luxe dont la chasse est un passe-temps pour les personnes de la classe aisée; or, la chasse pouvant avoir lieu toute l'année dans les propriétés closes, il est loisible à ces personnes de mettre à profit le passage du printemps; mais ce passage bien court ne leur procure que peu de récréation. Aussi la chasse des ortolans, dans le printemps, est-elle généralement négligée comme toutes les chasses d'oiseaux maigres; on réserve ce plaisir pour l'été, et l'ortolan commence alors la succession des chasses d'automne que rend profitables l'état d'embonpoint satisfaisant des oiseaux.

Mais il ne faut pas perdre de vue que dans certaines localités, notamment dans la zône qui s'étend depuis Bayonne jusqu'à Bordeaux, la capture, la préparation et la vente des ortolans, sont un objet de commerce assez important. On les prend vivants; on les renferme dans des lieux exactement clos, et que l'on tient éclairés continuellement par des lanternes, afin que les oiseaux ne puissent distinguer le jour de la nuit et qu'ils mangent sans cesse; on leur donne pour toute nourriture du millet trempé un instant dans de l'eau bouillante : en moins de trois ou quatre semaines, ils engraissent extraordinairement.

Or, la chasse des ortolans, comme objet de spéculation, est peut-être plus fructueuse au printemps qu'à l'automne, parce qu'on en trouve un débit plus avantageux dans une saison où la prohibition générale de la chasse fait disparaître de nos tables toutes les sortes de gibier et d'oiseaux.

Quelle que soit la valeur de cette explication, la difficulté dont il s'agit se résout sans aucun doute d'après nos principes généraux, et l'on ne saurait, selon nous, hésiter à interdire la chasse des ortolans au printemps, afin de ne pas nuire à la reproduction d'une espèce précieuse, qui se classe au premier rang dans la nomenclature de notre gibier, et qui, bien que voyageuse, appartient à la France, tant par la certitude et par la régularité de son retour annuel que par les circonstances qui en font un objet permanent de commerce.

L'ortolan ne se chasse guères au fusil. Comme il faut le prendre vivant, les filets et les trébuchets sont les seuls modes qu'on puisse y employer. Dans tous les départements, où cette chasse a été permise en temps d'exception, il a été interdit pendant le même temps de les chasser à tir.

En Provence, on se sert d'un filet composé de deux nappes, tel que celui dont on fait usage pour prendre les alouettes au miroir; on place entre les deux nappes une demi-douzaine d'appelants dans de petites cages légèrement couvertes de quelques feuillages.

En Guyenne, et particulièrement dans l'Agenois, on emploie plus généralement des cages en forme de trappes ou trébuchets appelées *matoles*. On les place sur une aire ou bien encore on les suspend avec les appeaux qui y sont renfermés.

Ces moyens ont été employés bien anciennement, sans que l'espèce semble avoir éprouvé de diminution. Un historien du Languedoc écrivait il y a plus de deux cents ans (1) : « Les petits oiseaux appelés benarris et par les Italiens ortolani, lesquels sont passagers, se prennent avec des filets lors de leur passage en mai et en août. » La réputation des ortolans en gastronomie était dès ce temps là assez bien établie, et Toulouse était alors comme aujourd'hui le centre de ce commerce pour toute la région qui s'étend de la Provence à l'Agenois. « Ces petits oiseaux, » dit le même auteur, étant nourris en cage, viennent si » gras et de si bon goût qu'on les apporte bien souvent » tout morts dans une petite mallette pleine de millet, en » poste de Toulouse à Paris, pour la table du roi et des » princes. »

Pigeons sauvages, palombes ou ramiers, Bisets. On ne pratique la chasse de ces oiseaux, sur une grande échelle, que dans une dizaine de départements qui avoisinent les Pyrénées du côté de l'orient. Dans cette partie de la France, on appelle *Palombes* la variété de pigeons connue plus généralement sous le nom de *ramiers*, et *bisets* ou *ramiers*, indistinctement, tous les autres pigeons sauvages.

(1) Mémoires de l'histoire du Languedoc, par Guillaume de Catel, 1633, page 46.

Les bisets voyagent au nombre de vingt, trente, quarante ou même cent; les palombes en troupes moins nombreuses; mais souvent plusieurs troupes des deux espèces se réunissent et voyagent de compagnie.

Le passage du printemps ne dure que quinze à vingt jours; celui d'automne, qui commence dans les premiers jours de septembre, se prolonge ordinairement jusqu'à la mi-novembre.

En général, la chasse du printemps est peu suivie; elle se fait au moyen de filets à nappes placés à terre. Plusieurs Préfets, dans leurs arrêtés de l'an dernier, ont cru devoir ne pas l'autoriser.

Quant à la chasse d'automne, c'est une des plus considérables et des plus productives que l'on connaisse; on y emploie, dans beaucoup de lieux, le filet appelé *pantière*.

C'est surtout dans les montagnes des Pyrénées que ces chasses sont remarquables. Leur théâtre est dans les gorges ou petits vallons incultes, peu profonds, situés beaucoup au-dessus du niveau de la vallée que forment en se rapprochant les unes des autres les croupes des Pyrénées, dans la Basse-Navarre, la Soule, le Béarn, le Bigorre, etc. On choisit une gorge large à son ouverture et qui aille en se rétrécissant. Il faut nécessairement qu'il s'y trouve vers l'extrémité un espace de terrain uni et découvert, de quatre-vingts pas environ.

Vers le milieu de cette plaine, un peu sur la droite, du côté de l'orient, se place une *trèpe* qui consiste en trois arbres plantés en triangle à six pas les uns des autres, rapprochés et liés ensemble par le haut avec une chaîne de fer. Sur les cimes réunies, on construit, avec des branches d'arbres garnies de leur feuillage, une cabane dans laquelle un homme se tient caché. Des deux côtés de la gorge, le long de la crête des montagnes, sont également disposées, d'espace en espace, des cabanes semblables sur des arbres ou sur des éminences naturelles, chacune récelant un chasseur.

A vingt mètres environ au-delà de la trèpe, se placent des filets dont le nombre varie suivant la largeur de la gorge, et qui doivent en fermer entièrement l'embouchure étroite. Ces filets qui ont chacun huit ou neuf mètres de largeur, sur dix-huit de hauteur, sont hissés par le moyen de poulies à des arbres qui n'ont pas moins de vingt-cinq à trente mètres d'élévation. Il est essentiel que les filets soient masqués sur le devant par une seconde rangée d'arbres élagués par le bas pour donner passage aux oiseaux.

Lorsqu'une volée de palombes ou de bisets se montre dans la gorge et s'avance pour en franchir la crête, un des chasseurs qui occupent les cabanes placées en avant, le premier à leur portée, lance une espèce de palette blanche et emplumée, appelée en Béarnais *matou*, simulacre grossier d'un épervier, qui effraie les palombes dont cet oiseau est la terreur. Les pigeons s'écartent ou rétrogradent ou s'abaissent jusqu'à terre; alors, de tous les points de la gorge, les chasseurs également munis de matous se les renvoient jusque vers la trèpe. Au moment où ils la dépassent, le chasseur posté dessus leur décoche en queue un oiseau de proie empaillé ou un matou. Toute la bande épouvantée se précipite du côté des filets; une détente est lâchée, et les filets tombent sur les oiseaux (1).

Depuis des temps fort reculés, des emplacements pour prendre les palombes et les bisets, sont établis en grand

(1) La description très-détaillée de ces chasses curieuses se trouve dans le *Traité de la Chasse au Fusil*, par Magné de Marolles : elle a été reproduite en grande partie dans le *Dictionnaire des Chasses*, par Baudrillart et de Quingery, 1834.

nombre dans les Pyrénées. Il en est qui datent, dit-on, du XIIIe siècle. On appelle *palomières* ceux où il se prend plus de palombes que de bisets, et *pantières* ceux où il se prend plus de bisets que de palombes. Les différences, à cet égard, paraissent dépendre de la situation plus ou moins élevée de ces emplacements.

On compte quelquefois jusqu'à vingt-quatre hommes occupés dans une palomière. Il s'y prend dans une année plusieurs milliers d'oiseaux qu'on renferme ordinairement dans des volières où on les réserve pour les besoins de tout l'hiver.

On pense que le nombre des pigeons sauvages a diminué; néanmoins un chasseur de ce pays (¹) assure qu'à considérer l'innombrable multitude de ces oiseaux qui traversent les Pyrénées, à peine est-il permis de dire que l'on en prend un sur mille.

Il n'est pas impossible que les bisets soient moins abondants qu'autrefois. Ces oiseaux en effet qui paraissent se plaire dans la captivité volontaire et la demi-domesticité des colombiers ne peuvent plus vivre dans ces refuges avec la même sécurité, depuis qu'il a été accordé à tout citoyen qui les trouve sur son champ de pouvoir les tuer pendant une notable partie de l'année.

Quant aux ramiers, aucun témoignage ne démontre qu'ils soient moins nombreux qu'autrefois. Ils se réfugient par milliers dans des grottes qui se trouvent aux environs de Bonifaccio en Corse. Cette espèce est d'ailleurs essentiellement nomade et semble appartenir à tous les pays. Pendant l'été les ramiers se rencontrent en Suède, en Russie et Sibérie, et dans un grand nombre de contrées (²).

(¹) *Journal des Chasseurs*, juillet 1842.

(²) « Je me suis rappelé, dit le capitaine Back, avoir vu près du » fort Alexandre beaucoup de pigeons, et nous n'étions pas à plus d'une

Plusieurs de nos départements de l'est les voient arriver en automne par bandes immenses ([1]). En Normandie et en Anjou, on les rencontre dans toutes les saisons, et particulièrement, en troupes, pendant l'hiver. Quelques Préfets ont trouvé bon d'en autoriser la chasse ou plutôt la destruction dans les bois et forêts jusqu'au mois d'avril.

Il semble en effet que la diminution de ces espèces soit plus à désirer que leur multiplication. Comme gibier, elles ne sont pas très-recherchées, et les dommages qu'elles causent dans les campagnes sont très-considérables. Toutes les variétés de pigeons dévastent les semis nouveaux d'arbres résineux dont elles mangent les semences; les bisets et les ramiers font les plus grands dégâts dans les champs nouvellement ensemencés, pendant l'automne, et en été dans les moissons que les mauvais temps ont versées ou qui ont été coupées récemment. Les tourterelles se jèttent avec avidité sur les graines de chanvre, de sarrasin, de colza.

Généralement, les tourterelles, moins nombreuses que les ramiers et les bisets, ne se chassent qu'au fusil.

Nous croyons, en dernière analyse, que les pigeons sauvages sont une des espèces d'oiseaux dont il est le moins utile de restreindre la chasse.

Loriots. La chasse de ce bel oiseau ne se fait guères que dans les départements les plus rapprochés du littoral de la Méditerranée et seulement en été; car il n'arrive pas

» journée de marche de la colonie rouge, où les terres en sont, dit-on, » couvertes. » — « Le pigeon voyageur multiplie d'une manière in- » croyable dans quelques parties des États-Unis. » *Voyage dans les régions polaires arctiques, en* 1833 *et* 1834, *par le capitaine Back, officier de la marine royale d'Angleterre*, t. I, p. 32, et t. II, p. 340.

([1]) *Catalogue de la Faune de l'Aube*, par Jules Ray, 1843.

avant la fin d'avril et il repart dès la fin d'août, aussitôt après avoir élevé sa couvée. On le recherche comme gibier, surtout à l'époque de son passage de retour, parce qu'alors il s'est nourri de figues et que sa chair est devenue excellente.

Il alimente ses petits d'insectes et de larves, et, sous ce rapport, il se rend utile; mais en même temps, il fait dans les vergers une grande consommation de cerises. Ces fruits servent dans la saison à prendre le loriot au moyen de piéges où on les place en guise d'amorces; mais comme d'autres oiseaux s'y prendraient également et que cette saison, c'est-à-dire la fin du printemps, est précisément celle dans laquelle il importe le plus d'interdire la chasse d'une manière absolue, nous croyons que la chasse à tir, au poste, la plus usitée en Provence pour cet oiseau, est la seule qui doive être autorisée.

Etourneaux ou Sansonnets. La chasse de ces oiseaux peut être fort abondante, lorsqu'ils paraissent en automne par bandes immenses : on les prend facilement aux lacets ou dans les filets appelés *pantières* et *araignes*, vers lesquels on les attire avec des appelants et particulièrement avec un vanneau mouvant. Les étourneaux sont utiles, pendant la plus grande partie de l'année, à cause de la grande quantité d'insectes qu'ils recueillent pour leur nourriture dans les lieux humides et marécageux et autour des troupeaux de vaches. Il n'est pas à craindre toutefois que la chasse de ces oiseaux prenne une grande extension; car leur chair est dure et amère, à l'exception de celle des jeunes qui devient même fort bonne après qu'ils ont mangé des figues, des raisins et des olives, dont ils font, pendant l'automne, un dégât considérable à cause de leur grand nombre.

On peut, dans cette saison, les chasser aussi bien comme oiseaux nuisibles que comme gibier; mais on ne se livre activement à cette chasse que dans le midi. Les étourneaux arrivent en mars des pays chauds et repartent en octobre. Il en reste un grand nombre pendant l'hiver.

Bec-figues. La gastronomie a, comme toutes les sciences, une langue, une nomenclature qui lui est propre. Dans la langue gastronomique, *ortolan* et *bec-figue* signifient également petit oiseau fort gras et morceau exquis. Or, beaucoup de petits oiseaux ont entre eux de grandes ressemblances : il s'ensuit qu'on éprouve de l'embarras à reconnaître exactement les espèces d'oiseaux auxquelles s'appliquent ces noms d'ortolans et de bec-figues.

Les chasseurs de Champagne appellent *ortolan* un oiseau véritablement fort gras en automne, mais qui est le torcol (1). Suivant M. Degland, le surnom d'*ortolan du pays* a été donné, en Flandre, au moteux, qui se charge en effet, pendant l'automne, d'une graisse extrêmement blanche. Baudrillart (2) a ajouté la confusion des noms à la confusion des choses, quand il a dit que l'oiseau connu généralement en Lorraine sous le nom de bec-figue, est l'ortolan de Lorraine : et la description qu'il en donne paraît être celle du bruant fou.

Il est bien reconnu que les figues rendent la chair des oiseaux excellente; c'est à cause de cela sans doute que le nom de bec-figue est devenu celui de divers oiseaux qui peuvent être un aliment recherché. Buffon (3) a fait remarquer toutes les confusions commises dans l'emploi du

(1) *Catalogue de la Faune de l'Aube.*

(2) *Dictionnaire des chasses*, article *Ortolan.*

(3) Articles *Bec-figue et Fauvettes.*

mot *bec-figue*. L'auteur d'une histoire naturelle de l'Auvergne (1) a dit : « En Auvergne, on donne le nom de » bec-figue à plusieurs oiseaux prodigues en graisse : » le véritable bec-figue est commun au mois de septem- » bre; il s'engraisse avec les raisins et le chènevis, au » point qu'il paraît une pelote de graisse; il quitte après » les vendanges. » On reconnaîtra difficilement l'espèce de cet oiseau, d'après cette seule indication de sa nourriture. Les ornithologistes méridionaux se sont accordés à donner le surnom de bec-figue à un oiseau qui est une variété du gobe-mouche. Mais d'après le témoignage de MM. Darracq et Bouteille (2), le gobe-mouche, dit bec-figue, ne mange jamais de figues; il se nourrit d'insectes ailés qu'il trouve en partie sur les fruits mous et particulièrement sur les figues, d'où vient qu'on le voit fréquemment sur les figuiers : il n'est pas connu dans les Landes sous le nom de bec-figue, que l'on donne à une variété de fauvette, dont les figues sont, en automne, la principale nourriture, et qui est, de tous les becs-fins, celui qui prend le plus de graisse. C'est la fauvette des jardins, appelée aussi *fauvette bretonne* ou *grise*, très-commune dans le midi, et qui, pour les gastronomes, rivalise presque avec l'ortolan. Sans révoquer aucunement en doute l'exactitude de ces assertions, nous croyons que l'oiseau le plus généralement connu sous le nom de bec-figue, est le pipit des buissons de Temminck, qu'on trouve dans Buffon, sous le nom de *farlouse*, ou *alouette des prés*; c'est là du moins le bec-figue de Paris, de la Champagne et du Dauphiné : on le connaît en Provence sous le nom de

(1) *Essai zoologique* ou *Histoire naturelle de l'Auvergne*, par Delarbre, 1797.

(2) *Catalogue des Oiseaux des Landes*. — *Ornithologie du Dauphiné*.

grasset; pendant l'automne, chargé de graisse, il vole avec peine et devient un manger délicieux. Le vrai bec-figue de Provence, variété du gobe-mouche, est également fort gras et recherché pour les tables.

Une circonstance commune à ces divers oiseaux désignés sous un même nom, c'est que leur véritable climat est celui du midi. Le gobe-mouche bec-figue, qui arrive vers la fin d'avril, repart dès la fin d'août; le pipit des buissons semble être le compagnon des ortolans dans leurs voyages : les fauvettes, qui n'apparaissent qu'à la fin d'avril, vont hiverner en Asie et en Afrique. Tous ces oiseaux sont exclusivement des oiseaux d'été; aucun ne passe l'hiver en France.

On chasse les becs-figues comme les autres petits oiseaux, soit à tir avec miroir, soit au moyen de gluaux, soit avec le filet fixe à deux nappes mobiles, dont on se sert par le secours de sifflets, appeaux et appelants.

Ne perdons pas de vue que ces oiseaux se nourrissent principalement d'insectes : il faut donc en protéger la multiplication, c'est-à-dire en restreindre la chasse. Si on la limite à un bref intervalle de temps, c'est-à-dire au mois de septembre, époque du départ de ces oiseaux, on pourra, sans inconvénient, accorder aux chasseurs une certaine latitude dans l'emploi des modes et procédés.

Muriers. Ce nom, en Lorraine, est donné aux traquets. En Gascogne, c'est-à-dire dans les départements de la Gironde, des Landes et des Basses-Pyrénées, on en a fait une appellation générique qui ne désigne que de petits oiseaux faisant partie de la vaste catégorie des oiseaux de vendange, ainsi nommés de l'époque où ils arrivent en grande quantité. Le nom de *murier*, à peu près inconnu des naturalistes, n'est usité parmi les chasseurs qu'à l'époque où les oiseaux commencent à manger des mûres sauvages, c'est-à-dire, à la fin d'août, certains pipits, et en septembre. Les muriers comprennent les traquets et beaucoup de variétés de fauvettes, telles que rousserole, rossignol, fauvette à tête noire, grisette, babillarde, pitchou, passerinette, pouillot, rossignol de murailles, etc., oiseaux qui tous, en automne, joignent aux insectes dont ils font leur nourriture habituelle, des baies et des fruits mous, et qui, comme la plupart des insectivores nourris de fruits en automne, sont un excellent gibier.

La chasse des muriers ne commence qu'en août ou même en septembre. On y emploie un filet appelé dans la Gascogne *iragnon*, et des lacets ou piéges nommés *cédades, cappes, pince-pieds*, *casse-pieds* ou *esclancons*.

Ces insectivores très-nombreux sont des oiseaux d'été; en hiver, ils disparaissent à peu près totalement de nos contrées, et ils y reviennent dès le commencement du printemps.

RALES DE GENÊT, OU ROIS DES CAILLES, MAROUETTES. Ces oiseaux qui se rattachent, selon l'opinion la plus commune, à l'ordre des échassiers, nous fournissent une transition naturelle des oiseaux d'été aux oiseaux d'hiver; car ils appartiennent aux régions du midi, bien que les espèces de cet ordre séjournent le plus généralement dans les régions septentrionales.

Le râle de genêt, ou poule d'eau de genêt, qu'on appelle aussi *roi des cailles* parce que cet oiseau accompagne et semble conduire les cailles dans toutes leurs migrations, est un mets fort délicat. Lors de son arrivée au printemps, il se répand dans les prairies basses, dans les champs de luzerne et quelquefois même dans les blés, puis à l'automne, avant son départ, il fréquente les genêts et le bord des taillis voisins des bois.

La marouette, dont la graisse succulente et savoureuse n'est surpassée en automne ni par celle de l'ortolan, ni par celle du bec-figue, préfère comme le râle de genêt les pays du midi à ceux du nord. Elle arrive en mars ou même seulement en avril, niche dans nos marais et en particulier, selon le témoignage de M. Bouteille [1], par myriades dans ceux de Saint-Laurent-du-Pont, arrondissement de Grenoble, puis, en septembre et en octobre, elle regagne les marécages d'Italie, d'Afrique et des îles de la Méditerranée.

Les râles de genêt et les marouettes se montrent, comme les cailles, en quantités fort inégales, selon les années.

On peut employer à les prendre soit des lacets, soit des filets, tels que le tramail ou hallier. Mais ces sortes de moyens sont peu en usage dans la chasse au marais, et ils offriraient surtout des inconvénients à raison de l'époque dans laquelle la chasse du râle de genêt et de la marouette se pratique, époque comprise entre le printemps et la fin de l'automne. Ces engins serviraient à prendre beaucoup de gibier de diverses natures qu'il faut ménager dans cette saison. Très-généralement on ne chasse ces oiseaux qu'à tir avec chien d'arrêt : ce mode suffit au plaisir des chasseurs. Aucune exception ne semble donc devoir être admise pendant le temps ordinaire; et en-dehors de ce temps, la chasse de ces oiseaux n'aura lieu qu'en vertu du paragraphe de l'article 9 de la loi qui concerne spécialement le gibier d'eau.

Cette observation est applicable à la plupart des oiseaux

[1] *Ornithologie du Dauphiné.*

de la plus grande taille compris dans l'ordre des échassiers.

Hérons. Ils abondent dans quelques parties de la France lors de leurs passages du printemps et de l'automne. On les servait autrefois sur la table de nos rois comme mets de parade : alors la chasse du héron à l'oiseau de proie était un des divertissements favoris des princes. Aujourd'hui, leur chair fort médiocre n'est guère recherchée, et on ne leur fait que très-accidentellement la chasse que rend difficile leur extrême méfiance. On pourrait envisager cet oiseau comme animal nuisible, à cause de la grande quantité de poisson qu'il détruit.

Grues. On ne fait de même que peu communément la chasse aux grues, quoique, dit-on, la chair des jeunes soit assez bonne. Mais cette chasse est difficile, parce que, dans leurs passages, elles volent, la plupart du temps, à une très-grande hauteur, et que, lorsque leurs troupes sont abattues, elles se tiennent continuellement aux aguets. On pourrait les considérer comme oiseaux nuisibles plutôt que comme gibier ; car, tout en se nourrissant principalement d'animaux et de végétaux aquatiques, elles mangent aussi les graines nouvellement semées dans les champs et causent de grands dommages dans les lieux où leurs bandes viennent momentanément s'établir.

Outardes. Ces oiseaux sont un aliment délicat et recherché.

La grande outarde, qu'on appelle aussi outarde barbue, est un des plus grands volatiles de nos climats : elle a plus d'un mètre de longueur. Elle appartient aux pays tempérés du nord de l'Europe, et ne se montre dans nos provinces méridionales que lorsque la saison est rigoureuse. Le lieu de toute la France où elle semble se plaire le mieux est la Champagne pouilleuse ; on la voit encore en Picardie, en Lorraine, dans le Poitou, dans les Landes et dans les plaines basses adjacentes à l'embouchure du Rhône. Elle voyage par petites troupes et ne fréquente que les endroits entièrement découverts. Les champs en culture où elle passe en éprouvent souvent des dégâts.

La petite outarde ou canepetière, beaucoup moins grande que l'outarde proprement dite, fréquente les prairies humides, les endroits sablonneux, les champs ensemencés d'orge ou d'avoine. Tandis que la grande outarde arrive en hiver, la canepetière arrive au printemps et repart en automne ; on la dit assez commune dans la Beauce, le Berry, la Vendée et la Basse-Bretagne ; elle niche au milieu des blés et des sainfoins.

Les outardes étant extrêmement défiantes et difficiles à surprendre, ne peuvent être l'objet d'une chasse régulière : on n'y emploie guère que le fusil. Quand bien même d'autres modes seraient d'un usage facile et plus profitable, il faudrait les interdire ; car ces oiseaux sont devenus de plus en plus rares, et l'espèce même semble menacée de destruction.

Courlis. On connaît généralement sous le nom de *courlis de terre* un oiseau que les ornithologistes appellent œdicnème criard, qui paraît tenir à la fois de l'outarde et du pluvier ; on lui donne aussi le nom de grand pluvier. Il hante, dit-on, les champs arides et les endroits incultes et élevés : on le voit néanmoins fréquemment dans les marais, sur le bord des rivières, sur les côtes maritimes. Les bandes nombreuses de ces oiseaux qu'on dit communes principalement dans le Berry, la Sologne, la Beauce, la Champagne et la Bourgogne, dévorent beaucoup de vers et d'insectes d'eau, de scarabées et de vermisseaux, de limaçons et de lézards, mais en même temps n'épargnent ni le froment, ni les jeunes pousses des grains ensemencés.

Quant aux courlis proprement dits, ce sont des oiseaux d'une assez grande taille, estimés comme gibier. Ils passent en hiver par troupes de dix à vingt individus, et se montrent dans les marais, dans les prairies humides et principalement sur les côtes maritimes.

On chasse les courlis le plus ordinairement au fusil et quelquefois aux filets, de même que la plupart des échassiers.

Pluviers et Vanneaux. Peu d'espèces remplissent aussi complètement les conditions requises pour être classées au nombre des oiseaux de passage dont la chasse peut donner lieu à des autorisations spéciales. Leur chair est savoureuse et estimée dans certains temps de l'année; ils se rencontrent à peu près dans toutes les parties du monde en quantités si innombrables qu'on ne saurait craindre la destruction de ces deux espèces. Néanmoins, l'agriculture est intéressée à ne pas les voir diminuer; car elles lui rendent quelques services.

Tous les pluviers sont de passage périodique et régulier. Leur nom vient de ce qu'ils paraissent dans la saison des pluies d'automne. Ils nichent principalement en Suède et en Norwége, et vont hiverner en Sardaigne et en Afrique.

Le pluvier proprement dit ou pluvier doré arrive vers le mois de septembre et retourne en mars et en avril vers les pays du nord. Les bandes de pluviers dorés sont nombreuses; ils volent rangés de front sur une même ligne horizontale. Ils fréquentent les terrains fangeux et humides et donnent quelquefois dans les champs ensemencés: leur nourriture consiste en vermisseaux, insectes d'eau et plantes herbacées.

Le pluvier guignard ou petit pluvier est le plus recherché, comme gibier, de tous les oiseaux de ce genre : sa chair est extrêmement délicate. Assez rare dans le midi, il fréquente particulièrement le pays Chartrain; on le connaît en Normandie sous le nom de *petite de terre :* en avril et mai, il passe du midi vers le nord, et en août et en septembre du nord vers le midi, par troupes de vingt à trente individus. Les guignards habitent les marais pendant une forte partie de l'année; mais dans nos régions, ils semblent préférer les terres incultes, pelouses, friches et guérets.

Les vanneaux ont avec les pluviers de grands rapports d'habitudes et de nourriture; ils se mêlent fréquemment aux bandes de pluviers : et même une variété présente avec le pluvier tant d'analogie que, dans les marchés, on ne le désigne pas autrement que sous le nom de pluvier.

Très-répandus dans le nord, les vanneaux ne sont que de passage en France aux époques du printemps et de l'automne; on les voit par bandes de cinq à six cents surtout dans la Beauce, l'Orléanais, la Sologne, le Berry, la Champagne et la Brie. Leur nourriture consiste en vers, limaces, scarabées qu'ils détruisent par milliers au grand avantage de l'agriculture. Ils prennent leurs rendez-vous principaux dans les plaines basses et humides qui avoisinent les rivières.

Les pluviers et les vanneaux, dans le temps où ils sont réunis en bandes, c'est-à-dire en dehors du temps de la reproduction, ne font que très-peu de séjour dans un lieu déterminé; car leurs troupes épuisent en vingt-quatre heures la nourriture qu'elles y sont venues chercher, et elles passent continuellement d'un canton à un autre : dans les temps de gelée, elles se portent vers les bords de la mer; dès les premiers moments du dégel, elles retournent dans l'intérieur des terres.

A partir du printemps, la chasse des pluviers et des vanneaux cesse : ils ont fait leur migration, ou bien ceux qui demeurent sont accouplés. La saison favorable pour cette chasse est l'automne; on les trouve alors gras et réunis.

On se sert assez avantageusement des appelants pour chasser les pluviers et les vanneaux au fusil : le mode le plus profitable est l'emploi des filets à nappes ou *rets saillants* de grande dimension, disposés le plus ordinairement dans la forme qu'on appelle *ridée*.

Chevaliers, Bécasseaux. Voilà de nombreuses tribus d'oiseaux aquatiques : elles couvrent, dans certains temps de l'année, les grèves sablonneuses de la mer, les marais salants, les bords des étangs, des fleuves, des rivières et des ruisseaux. Ce sont les échassiers de la plus petite taille.

Les chevaliers nichent en partie dans le midi; le plus grand nombre niche dans le nord ou dans les régions tempérées : ils ne se rencontrent que rarement dans les lieux éloignés des eaux sur les bords desquelles ils se nourrissent d'insectes aquatiques et de vers.

Parmi les variétés assez nombreuses des chevaliers, les plus généralement connues des chasseurs, sont :

Le chevalier *gambette*, dit aussi aux longs pieds rouges, généralement sédentaire dans le midi, et qui passe en grand nombre dans les autres parties de la France, d'abord en mars, puis en septembre et en octobre, habitant de préférence les marais au printemps et les côtes maritimes en automne;

Le *cul-blanc*, qui visite peu le voisinage de la mer et fréquente les eaux douces des étangs et des marais, particulièrement les bords de la Seine, où il niche, assez estimé pour sa chair, fort répandu, sédentaire dans quelques parties de la France, mais plus généralement voyageur ; il arrive en mars et en avril, et dès les premiers froids, s'en va hiverner dans le midi;

La *guignette*, gibier recherché, qui arrive et disparaît dans les mêmes saisons que le précédent, voyage par grandes troupes et se rencontre sur les bords de la mer, mais plus encore le long des rivières, des petits ruisseaux limpides, ou dans les prairies submergées, mais peu dans les marais.

Tous ces oiseaux ne séjournent dans les régions de la France, où ils nichent, que le temps indispensable pour la ponte et pour les couvées. A peine arrivés en mars, on les voit peu après repartir pour des voyages plus ou moins éloignés; ils reparaissent en juillet ou en août, puis ils partent de nouveau en septembre.

Les bécasseaux sont assez généralement connus sous le nom d'alouettes de mer : en Flandre on les appelle vulgairement guerlettes : en Normandie on les confond avec les pluviers et les sauderlings, sous le nom de *petites de mer*.

On remarque parmi les bécasseaux, le *cocorli*, la *brunette*, la *maubèche*. Le cocorli et la brunette acquièrent en automne beaucoup de graisse.

Ils nichent dans le nord, et en automne se rendent par bandes dans le midi : au printemps ils reviennent. Ils apparaissent, dans leurs passages, le long des fleuves et dans les marais, mais sans s'y arrêter. C'est principalement sur les plages de la mer, ou sur les bords des marais salants, qu'on les voit lors de leur double passage du printemps et de l'automne, ainsi que les pluviers, courant avec une singulière vitesse; ils se montrent notamment à ces époques par bandes innombrables, sur les rivages de Flandre, de Picardie et de Gascogne.

Tous ces échassiers se chassent à tir, et plus avantageusement aux filets, comme les vanneaux et les pluviers : ils s'y prennent même, dit-on, avec beaucoup de facilité.

Des analogies naturelles rattachent à cette classe des échassiers les *combattants*, qui ont un double passage, au printemps et en automne, et qui nichent dans les vastes marais des côtes maritimes, et les *barges*, renommées de tout temps comme un mets excellent, oiseaux de taille un peu plus grande que les bécasseaux et les chevaliers, souvent mêlés aux troupes de ces dernières espèces, en partie sédentaires pendant l'hiver, voyageurs au printemps et en automne.

Palmipèdes, cygnes, oies sauvages, canards sauvages, sarcelles, plongeons. Les oiseaux nageurs qui font partie des oiseaux de passage ne sont pas moins nombreux en espèces et en variétés que les échassiers : c'est pendant l'époque ordinaire de la chasse qu'ils se montrent dans nos pays.

Les cygnes sauvages, malgré leur chair noire et dure, peuvent être recherchés par les chasseurs à cause de leurs plumes et de leur duvet. Ils arrivent périodiquement en hiver sur les côtes maritimes de Picardie, de Normandie, de Bretagne et de Gascogne; mais on ne les voit en grand nombre que dans les hivers les plus rigoureux, et ils ne pénètrent que très-rarement dans l'intérieur des terres.

Les cygnes, comme toutes les espèces dont la venue annuelle n'est pas assurée et dont les individus sont peu nombreux, ne se chassent guère qu'à tir en temps ordinaire de chasse [1].

[1] Nous aurions pu consacrer au flamant, parmi les échassiers, une mention semblable. Le flamant, magnifique oiseau, d'une chair recherchée, ne se voit guère en France que dans les étangs du midi

Des circonstances analogues limitent de même la chasse des cormorans qui voyagent régulièrement par petites troupes au printemps et en automne, et n'apparaissent principalement, comme les cygnes, que dans les parages maritimes. Leur chair est de mauvais goût, et comme ils sont les plus grands destructeurs connus de poissons, on songera plutôt à les poursuivre comme animaux nuisibles qu'à les chasser comme gibier.

Parmi les oiseaux nageurs, les oies sauvages et les canards sauvages sont les espèces dont la chasse est la plus avantageuse et la plus suivie, à cause de l'importance et de la régularité de leurs migrations.

Les oies sauvages sont exclusivement des oiseaux du nord : elles ne nichent jamais dans notre pays et ne s'y montrent qu'en hiver. Quoique leur chair soit pesante et de difficile digestion, on ne la dédaigne en aucun pays, et leur duvet est une marchandise de quelque prix.

Ces oiseaux ne sont pas exclusivement aquatiques; ils se tiennent plus souvent à terre que sur les eaux et se plaisent dans les prairies plutôt que dans les marais : leur nourriture se compose de végétaux, de semences en herbes et de graines. Leurs bandes, au nombre quelquefois de quatre ou cinq cents, quittant les eaux, vont, pendant le jour, s'abattre au milieu des plaines découvertes où elles causent de grands dégâts, soit dans les jeunes colzas, soit dans les blés verts qu'elles cherchent en grattant jusque dessous la neige pour les faucher jusqu'au sol, ou qu'elles arrachent dans les temps humides.

La chasse des oies sauvages est difficile; elles ont beaucoup de méfiance : on ne les approche que par surprise :

adjacents au littoral de la Méditerranée : il est extrêmement difficile à approcher et à surprendre.

puis elles ne suivent pas dans leurs voyages de directions constantes et prolongent rarement leur séjour.

Buffon a fait observer que, de tous les oiseaux d'eau, le canard est celui dont la nature a le plus nuancé et multiplié la forme. De là vient qu'il existe beaucoup de variétés, entre lesquelles des différences nombreuses de détail se révèlent aux yeux des naturalistes; mais comme les procédés de chasse sont les mêmes pour toutes ces variétés, depuis le canard sauvage et le tadorne qui sont d'une grande taille, jusqu'à la sarcelle qui est aussi un canard, mais beaucoup plus petit, les chasseurs n'ont à se préoccuper que de l'abondance ou de la régularité des passages de ces espèces.

Les canards de passage ne sont pas tous également recherchés comme aliment : la macreuse est un assez mauvais gibier, mais le canard sauvage proprement dit est placé au-dessus du canard domestique; il a la chair plus fine et de meilleure saveur. Celle du pilet ou canard à longue queue est préférable encore : les morillons sont un très-bon manger : on recherche dans l'arrière-saison les sarcelles, qui alors ont pris de la graisse; mais il paraît qu'on met au premier rang le souchet, ou canard spatule, vulgairement appelé rouge de rivière, dont la chair est fort tendre et succulente.

Les canards ne recherchent pas les grandes eaux autant que le font les cygnes; mais ils y séjournent plus que les oies, et ils ne sont pas dévastateurs comme ces dernières. Quelquefois, à la vérité, ils se jettent dans les champs de blé : ils vont aussi sur les lisières des bois, ramasser les glands qu'ils aiment beaucoup; mais en général, c'est dans les prairies marécageuses, aux sources d'eaux chaudes et dans les lieux bourbeux qu'ils trouvent les vers de terre, les plantes aquatiques et les racines tuberculeuses dont se compose leur nourriture la plus habituelle : c'est pendant la nuit qu'ils vont paître et qu'ils voyagent ; ils quittent une demi-heure avant le coucher du soleil les étangs couverts de hautes herbes, dans lesquels ils ont passé le jour.

Tous les lieux aquatiques et marécageux de France sont plus ou moins fréquentés par les canards. Le département du Nord leur présente à leur arrivée plusieurs stations importantes : les grands marais de Wavins, ceux d'Arleux, et surtout le flot de Wingres. Le long des côtes dans la direction de l'ouest, plusieurs marais leur offrent encore de nombreux refuges ; mais aucune partie de notre littoral du Nord n'abonde en oiseaux aquatiques, plus que la zône de marais et de prairies inondées qui s'étend sur une longueur de trente lieues environ, à partir des environs de Laon jusqu'à la mer le long des vallées de l'Oise, de la Serre et de la Somme. Là, se voient toutes les espèces d'oiseaux du nord et celles qui, comme les macreuses, ne poussent pas leurs migrations plus loin vers le midi, et celles qui, comme les canards sauvages proprement dits, dont les voyages s'étendent au-delà même de la Méditerranée, ne font que passer dans ces marais au commencement de l'hiver et repasser au commencement du printemps.

L'espèce appelée milouin, qui reçoit assez généralement le nom vulgaire de rougeot, se trouve communément, d'abord en Picardie, puis dans la Bourgogne et la Franche-Comté : elle est sur les étangs du midi, la plus abondante de toutes. Les milouins se nourrissent de vers, de crustacés, surtout de bulbes ou cayeux de certaines plantes marines. Les morillons abondent également sur ces mêmes étangs.

Comme les morillons plongent sans cesse et vivent,

pour ainsi dire, sous l'eau, on les a confondus fort souvent avec les plongeons, de même que les grèbes, non moins remarquables par leur extrême agilité pour nager et pour plonger. Les grèbes, qui passent régulièrement au printemps et en automne, séjournent au milieu de nos eaux douces; quoiqu'ils ressemblent beaucoup par la forme du corps aux véritables plongeons, ils s'en distinguent néanmoins, ainsi que les morillons, par des caractères précis. Parmi les plongeons, certaines espèces appartenant aux mers arctiques, ne font qu'en hiver leurs apparitions sur nos côtes maritimes; les autres se voient à peu près constamment sur nos étangs, et doivent être comprises dans la catégorie de notre gibier d'eau.

Les oies sauvages et les canards sauvages sont au nombre des espèces d'oiseaux dont la reproduction semble devoir le moins inquiéter les chasseurs, qui les détruisent par milliers. Ces oiseaux se rencontrent dans toutes les parties du monde : ils se reproduisent non-seulement dans le Nord, mais aussi dans tous les lieux, quelque soit le climat, où ils trouvent des eaux tranquilles, des marécages et des joncs : la plupart des récits des voyageurs font foi de leur multiplication facile et, pour ainsi dire, universelle (1).

(1) — « Nous admirâmes la quantité de canards, d'oies, de courlis et » de plusieurs autres oiseaux que nous rencontrions à chaque pas le » long de la rivière..... Je ne crois pas qu'il y ait de pays au monde » plus abondant que la Laponie en canards, sarcelles, plongeons, » cygnes, oies sauvages et autres oiseaux aquatiques. La rivière en » est partout si couverte, qu'on peut facilement les tuer à coups de » bâton. Je ne sais pas de quoi nous eussions vécu pendant tout » notre voyage sans ces animaux, qui faisaient notre nourriture » ordinaire; nous en tuions quelquefois trente ou quarante dans un » jour, sans nous arrêter un moment, et nous ne faisions cette » chasse qu'en chemin faisant. Tous ces animaux sont passagers et

En admettant la supposition, probablement exagérée, que la moitié des oiseaux aquatiques de passage périt dans leur migration annuelle, l'on doit encore s'attendre à les voir revenir aussi nombreux lors de leur émigration prochaine : il suffit en effet de considérer que la ponte des canards est de huit à seize œufs, que chaque paire donne

» quittent ces pays pendant l'hiver pour en aller chercher de moins » froids, où ils puissent trouver quelques ruisseaux qui ne soient » point glacés; mais ils reviennent au mois de mai faire leurs œufs » en telle abondance, que les déserts en sont tout couverts. » (*Voyage en Laponie*, par Regnard, en 1681.)

— « Le 15 mai apparurent en nombreuses troupes des cygnes, des » oies et différentes espèces de canards, avant-coureurs désirés du » printemps... — Au mois de juillet, on voit les oies sur toutes les » rivières... ils deviennent facilement la proie du chasseur, qui les » assomme d'un coup de bâton sur la tête; on en a bientôt chargé un » canot. Je me rappelle avoir aussi plusieurs fois ramassé de quoi » souper pour une grande troupe d'hommes dans l'intervalle de quel- » ques minutes. Dès que le sol a été durci par les gelées d'automne, » et qu'il est tombé deux ou trois fois de la neige, l'oie du Canada » s'assemble en grands troupeaux et reprend la route du Sud. » (*Voyage dans les régions polaires arctiques* (60 *à* 70 *degrés de latitude nord*), par le capitaine Back, en 1833 et 1834, t. II, p. 283 et 349.)

— » Toutes les plaines comprises entre la mer Caspienne et les sour- » ces du Manitch, sont complètement dépourvues de quadrupèdes, à » cause de la rareté de l'herbe; les insectes mêmes y sont très-rares, » et sans les myriades d'oiseaux aquatiques, tels que les pélicans, les » hérons, les oies et les canards qui peuplent les nombreux lacs salés, » ces steppes seraient véritablement l'expression la plus parfaite de la » solitude absolue. » (*Voyage dans les steppes de la mer Caspienne*, etc., par Hommaire de Hell, 1844, t. III, p. 47.

— « Les familles des palmipèdes et des échassiers, hérons, canards, » sarcelles et bécassines, les pluviers dorés et les vanneaux, les foul- » ques et les râles et toutes ces tribus d'innombrables volatiles qui » peuplent les marais, donnent aux chasses de la plaine de la Mitidja » un attrait puissant de variété. » (*Un Chasseur parisien en Algérie*, par A. Toussenel. — *Journal des Chasseurs*, février 1842.)

conséquemment naissance à une dizaine de petits, dont la croissance est protégée dans les lieux où ils viennent au jour, soit par l'insalubrité des eaux marécageuses, soit par la solitude des îles que leur isolement dans les mers septentrionales soustrait à l'empire du genre humain.

D'après ce que nous avons dit sur les oies sauvages et sur leur reproduction, on concevra que la chasse de ces oiseaux n'a pas besoin d'être limitée, d'autant moins que bien peu de stratagèmes et de piéges y réussissent.

Quant à la chasse des canards sauvages, elle est, dans les hivers rigoureux, une source de grands profits. Le produit de cette chasse entre dans l'évaluation des locations de la chasse et de la pêche, appartenant à l'Etat, sur les grands cours d'eau, les fleuves et les rivières. Sur la Seine et dans les localités marécageuses voisines de la Loire, les pauvres pêcheurs en font une industrie pendant la mauvaise saison. L'auteur de la *Faune de Maine-et-Loire* évalue à plus de cinq ou six mille le nombre des canards sauvages qui succombent tous les ans aux environs d'Angers et de Saumur, et qui s'expédient jusqu'à Paris. On assure que la majeure partie des canards sauvages et autres du même genre, qui se consomment à Paris, proviennent de la Picardie : les pâtés d'Amiens, justement renommés, sont des pâtés de canards.

Beaucoup de moyens ont été imaginés pour la chasse aux canards. On y emploie :

Des lacets formés de trois crins qu'on attache à des piquets dans les prairies inondées ;

Le procédé appelé glanée, qui consiste en un collet servant de piége qu'on environne de blé cuit servant d'appât ;

Les piéges appelés pinces d'Elvaski ;

Des filets contremaillés, dans le genre du tramail, tendus verticalement dans les lieux voisins des eaux, où l'on a observé que les canards passent;

Des filets en forme de grandes nasses qui vont en se rétrécissant jusqu'à la poche par laquelle ils se terminent; ces nasses sont maintenues à fleur d'eau par des contrepoids, dans les étangs, où l'on prépare pour cette chasse, au milieu des joncs, des clairières, et qui reçoivent, à cause de cette circonstance, le nom de canardières;

Des filets, appelés *cabucières* dans le Languedoc, lesquels sont placés horizontalement dans l'eau, de manière que les oiseaux s'y prennent, soit au moment où ils plongent, soit au moment où ils remontent à la surface.

On connaît deux moyens également efficaces pour attirer les canards sauvages malgré leur méfiance, soit à portée du fusil du chasseur, soit dans le piége ou le filet.

Le plus connu est celui des appelants. Ce sont des canards privés qu'on attache sur le bord des eaux, et qui, par leurs cris, font approcher les canards sauvages; quelquefois aussi des canards bien dressés vont se mêler aux troupes des canards sauvages et les amènent.

Pour l'autre moyen, on se sert d'un petit chien velu et roux, ressemblant au renard : on sait que les canards et les autres oiseaux aquatiques éprouvent contre les renards et les autres bêtes fauves, une antipathie pareille à celle qui anime les petits oiseaux contre le duc, le hibou ou la chouette. Les canards, aussitôt qu'ils aperçoivent ce petit chien, se rassemblent, s'approchent et harcèlent de leurs cris l'ennemi, qui dirige sa marche selon la leçon qui lui a été faite. Cette chasse s'appelle le *badinage*.

Les habitudes principalement nocturnes des canards rendent la chasse de nuit plus avantageuse et plus facile que celle de jour.

On a employé à prendre les canards, pendant la nuit,

de grandes nappes doubles, dans le genre de celles qui servent à prendre les pluviers : on les plaçait au-dessous de l'eau dans les prairies inondées, ou dans les étangs peu profonds vers leurs bords ; mais, le jour, ce procédé n'obtient pas de succès et ne peut plus guère être mis en usage sous l'empire de la nouvelle loi.

La chasse à la hutte, la plus usitée de toutes, et qui se faisait avec le concours des appelants, est également à peu près supprimée par le fait de l'interdiction de la chasse de nuit.

En définitive, les dispositions générales de la loi ont fait assez pour la conservation de l'espèce des canards, et il est à désirer qu'on maintienne pour ce genre de chasse tous les usages qu'elle n'a pas implicitement proscrits.

Foulques ou Morelles. Aucune chasse aux canards ne peut être comparée aux grandes chasses des foulques, fameuses dans le midi.

La foulque, appelée aussi dans quelques pays morelle, judelle, et dans le midi, improprement macreuse [1], n'est point un canard : elle a plutôt des rapports avec la poule d'eau.

Cet oiseau vit exclusivement sur les eaux : on le voit rarement à terre. Il fréquente les embouchures des rivières, mais préfère généralement les lacs et les grands étangs. L'espèce émigre en partie. Vers le mois de mars, elle abandonne les grandes eaux et va nicher plus au nord dans les marais les plus inaccessibles; dès le commencement d'août, on la voit reparaître sur les grands étangs, et les troupes qui se sont dispersées au printemps, se forment de nouveau en septembre.

[1] Le canard macreuse, *anas nigra*, est un oiseau du nord qui ne se voit pas sur les bords de la Méditerranée, où les foulques sont très-nombreuses.

. Une quantité prodigieuse de foulques se réfugie, en hiver, dans les étangs salés qui bordent la Méditerranée, et parmi lesquels on distingue, depuis Aigues-Mortes jusqu'à Cette, ceux de la Ville, du Repausset, de Mauguio, de Perols, de Palavas, de Maguelone, de Vic, de Balaruc, de Thau. Lorsque des froids rigoureux font geler ces étangs, elles vont chercher un asile le long des côtes d'Italie et dans les étangs de la Sardaigne; mais à peine le dégel a-t-il commencé qu'elles reparaissent en quantités étonnantes.

Une chasse générale aux foulques est affichée dans les villes voisines plusieurs jours à l'avance. Des citadins de toutes les classes, quelquefois au nombre de plus de quinze cents, s'y rendent dès le matin. Bon nombre restent à terre en spectateurs, ou attendent le gibier sur les bords. Les autres, armés de fusils, se placent dans de frêles embarcations contenant chasseur et batelier. Ces embarcations, rangées avec ordre, à peu de distance les unes des autres, forment un immense croissant, en avant duquel les foulques sont poussées vers une des anses. Les foulques ont l'habitude constante de ne pas quitter l'étang, lorsqu'on les chasse, et tant qu'elles peuvent avancer sur l'eau, elles ne s'envolent pas. Lorsqu'elles se voient renfermées entre la flottille des bateaux et les bords de l'étang, elles se décident enfin à prendre leur vol audessus de la ligne des chasseurs, pour regagner le milieu des eaux; en ce moment les chasseurs font un feu général et les oiseaux tombent morts en grandes quantités. M. Crespon (1) rapporte que le nombre des foulques tuées dans une de ces journées s'élève quelquefois jusqu'à 2,000.

Ces étangs salés du midi, quoique fort rapprochés de

(1) *Ornithologie du Gard.*

plusieurs villes et d'une contrée fort peuplée, semblent être, pour les oiseaux palmipèdes et nageurs, un séjour qu'ils affectionnent à l'égal des lacs les plus solitaires et des plaines marécageuses de l'Afrique, qui sont également, de l'autre côté de la Méditerranée, le quartier d'hiver de ces mêmes espèces. En voyant les innombrables quantités de foulques et de canards qui couvrent ces étangs du midi, il serait difficile de ne pas compter, avec une entière sécurité, sur leur reproduction. Un narrateur, que nous avons eu déjà occasion de citer [1], prétend avoir acquis la certitude, par des calculs faits avec des pêcheurs, que dans certaines années, à partir du mois d'octobre jusqu'en mars, le seul étang de Mauguio, fort grand à la vérité, et le plus peuplé de tous en foulques, avait fourni pour la consommation du pays, un jour dans l'autre, de trois à quatre cents foulques ou canards, soit tués au fusil de jour ou de nuit, soit pris aux cabucières. Malgré cette énorme destruction, on ne reconnaissait, dit-il, à la fin de l'hiver, aucune diminution sensible dans les nombreuses bandes d'oiseaux d'eau qui fourmillaient encore sur ces parages.

Nous sommes toutefois portés à croire que l'espèce a éprouvé quelque diminution : mais nous pensons aussi que pour remédier au mal, il suffira de tenir la main à l'interdiction de la chasse de nuit. Cette chasse était fort usitée et fort destructive. Un pêcheur, étendu et caché dans une petite nacelle effilée, glissant à fleur d'eau, surprenait les foulques endormies au milieu de l'étang, et d'un seul coup de fusil, fortement chargé, en faisait périr des troupes entières.

Comme dans le midi, les grands étangs sont, en Lorraine et dans quelques départements de l'est, le théâtre

[1] Le Vieux Chasseur : *Journal des Chasseurs*, juin 1844.

d'une semblable chasse ; elle s'y pratique de même au moyen de bateaux et avec une sorte de solennité.

Bécasses. Buffon a cru observer qu'une circonstance particulière distinguait cet oiseau parmi les autres oiseaux de passage.

« Les voyages de la bécasse, dit-il, ne se font qu'en » hauteur dans la région de l'air et non en longueur » comme se font les migrations des oiseaux qui voyagent » de contrée en contrée. C'est du sommet des Pyrénées » et des Alpes où elle passe l'été, qu'elle descend aux pre- » mières neiges qui tombent sur ces hauteurs dès le com- » mencement d'octobre, pour venir dans les bois des colli- » nes inférieures et jusque dans nos plaines. »

Une observation bien constante, et qui ne contrarie pas l'assertion de Buffon, c'est que les bécasses sont sensibles aux moindres changements dans la température, et se déplacent très-fréquemment sous cette influence. Un grand nombre d'entr'elles passent l'été sur les hauteurs de nos montagnes et redescendent dans les plaines à l'approche de l'hiver.

Mais leurs voyages ne sont pas, comme l'a cru Buffon, renfermés dans ces limites, et des observateurs plus récents (1) ont constaté que ces voyages peuvent s'étendre à plusieurs vastes contrées.

Les bécasses, suivant M. A. Toussenel, opèrent leur migration dans l'étendue du territoire de la France par deux grandes voies. Celles de la Laponie, de la Suède, de la Norwège, de la Belgique, du Jura et des Vosges prennent les Alpes pour gagner l'Apennin et le royaume des Deux-Siciles. Celles d'Ecosse, d'Angleterre, de Normandie, de Bretagne et de Vendée suivent la route de l'ouest

(1) A. Toussenel, *Démocratie pacifique* du 26 mars 1844.

et vont fixer en Espagne leur quartier d'hiver. Elles ont deux rendez-vous principaux, les montagnes du Bugey, qui sont comme les glacis des Alpes, et les pinadas des Landes qui sont la dernière station forestière de l'Europe occidentale.

Une grande partie des bécasses nées en Europe traversent la Méditerranée et s'établissent pour deux ou trois mois en Afrique.

Lors de leur passage, soit de départ, soit de retour, on les rencontre dans tous les lieux boisés qu'elles affectionnent, et quelquefois aussi, selon l'état de la température et du ciel, dans les plaines marécageuses. Il en reste à nicher même pendant l'été dans les grandes futaies où elles trouvent pour leur nourriture les vers et les limaces que leur long bec est destiné à extraire des terrains humides ou tourbeux.

Dans les hautes montagnes, elles se tiennent à proximité des pâturages où l'on conduit des troupeaux, dont les fientes renferment des vers et des scarabées qu'elles recherchent.

La bécasse est un des oiseaux qui se trouvent le plus généralement par tous pays dans l'ancien continent.

Il n'y a pas à fixer une époque spéciale pour la chasser en automne : car lorsqu'elle fait son passage de départ, la chasse est ouverte dans toutes les parties de la France.

Pour la chasse au retour, c'est-à-dire dans le mois de mars, à peine trouvons-nous quinze départements dont les Préfets aient jugé utile de l'autoriser après la clôture générale. Ce n'est pas, nous le croyons, par crainte de diminuer l'espèce ; car ces oiseaux fort dispersés, et qui, d'ailleurs, ne semblent avoir aucune patrie qui leur soit propre, ne sont pas faciles à atteindre : les chasseurs n'en détruisent qu'une bien faible quantité. Ce n'est pas, d'un autre côté, la crainte de préjudicier aux récoltes, attendu que cette sorte de chasse n'a lieu que dans les bois. Mais on aura prévu que le chasseur, autorisé à chasser la bécasse au milieu des bois, ne manquerait pas de chasser toutes les natures de gibier, et l'on aura voulu éviter cet inconvénient, prenant surtout en considération qu'à l'époque de leur passage de retour, les bécasses sont maigres, déjà accouplées, et que leur chair est beaucoup moins bonne qu'à l'automne.

L'application des dispositions générales de la loi du 3 mai 1844 est peu favorable à la chasse de la bécasse. C'est en effet un oiseau de nuit plutôt que de jour. Le mode le plus usité est celui qu'on appelle affût ou passée, et qui consiste à attendre l'oiseau sur les lisières des bois, le long des chemins ou dans les clairières, soit après le coucher du soleil, au moment où il sort dans la plaine pour aller chercher sa nourriture, soit le matin avant le lever du soleil lorsqu'il rentre au bois pour se reposer. Ce sera nécessairement pour les tribunaux une question souvent embarrassante que de savoir si le fait de chasse qui leur aura été déféré s'est passé de jour ou de nuit.

Dans les départements de la Côte-d'Or, du Jura et de l'Ain, l'usage de la pantière a été autorisé pour la chasse des bécasses au moment de leur migration d'automne.

On emploie de la même manière dans les forêts de pins de la Gironde et des Landes un filet placé verticalement, vers lequel l'oiseau est dirigé par une ouverture pratiquée dans le bois, et qui s'appelle fenêtre suivant le langage du pays.

Quant aux lacets, à peine trouvons-nous six départements où l'on ait cru devoir en permettre l'usage. Cette sorte de chasse était pratiquée dans les Vosges et se faisait à la chute du jour : M. le Préfet a cru utile de la prohiber formellement.

Bécassines. Sans la conformité du nom et la ressemblance du plumage, au lieu de placer cet oiseau à la suite de la bécasse, nous l'aurions réuni aux oiseaux aquatiques; car ses mœurs et ses habitudes diffèrent entièrement de celles de la bécasse. Celle-ci habite dans les bois et sur les montagnes; la bécassine fréquente exclusivement les lieux marécageux et les herbages qui avoisinent les étangs et les rivières. La chair de la bécassine, moins parfumée que la chair de la bécasse, est néanmoins plus tendre et d'un goût plus fin et plus délicat.

Les bécassines, dont l'espèce est répandue plus universellement encore que celle des bécasses, nichent dans le nord : dès la fin de juillet, elles commencent à émigrer vers le midi, où elles passent l'hiver : puis en mars et en avril, elles reviennent en troupes plus ou moins nombreuses.

Bien qu'on emploie des filets et des collets à la chasse des bécassines comme à celle des bécasses, le mode le plus généralement usité est le fusil : ces oiseaux devront conséquemment, pour l'ordinaire, être plutôt envisagés comme un gibier d'eau que comme oiseaux de passage.

Merles et Grives. Ce sont deux familles qui, bien que distinctes, ont néanmoins, l'une avec l'autre, de nombreux rapports. Ces oiseaux vont souvent de compagnie, car on les prend communément dans les mêmes piéges.

Ce sont principalement des oiseaux de passage.

Le merle litorne fort répandu en été dans toutes les contrées du nord de l'Europe, se disperse en automne dans la direction du midi, par troupes nombreuses, souvent de plusieurs cents et regagne le nord en mai et en avril.

Le merle draine, sédentaire dans plusieurs parties de la France, de passage dans quelques autres, voyage en bandes peu considérables.

Le merle noir ou commun, sédentaire en beaucoup de lieux, est de passage périodique dans certaines contrées, accidentel dans quelques autres; le plus grand nombre, toutefois, émigre en hiver dans la direction du midi.

Le merle à plastron est surtout un oiseau de montagne: il niche dans les Vosges, les Cévennes, la Lozère, l'Auvergne; pendant l'hiver, lorsque le froid est très-rigoureux, on le voit, en Provence, descendre des montagnes voisines par quantités considérables.

La grive, plus nomade, en général, que les merles, et le mauvis qui est une petite grive ayant un plumage plus foncé que l'autre, appartiennent aux pays du nord, bien qu'on en voie quelques-uns au moins, en toute saison, dans la plupart des régions de la France.

Les grives et les mauvis sont un gibier très-précieux pour les pays où il abonde, à cause du goût très-fin de sa chair qui le fait rechercher des gourmands, pendant la saison des vendanges.

Entr'autres pays où il s'en fait une chasse et un commerce de quelque importance, nous citerons les Ardennes, la Brie et les environs de Sainte-Affrique, département de l'Aveyron.

Dans la partie haute du département des Basses-Alpes et spécialement dans le canton de Seyne, les grives séjournent en très-grande quantité pendant plus de trois mois; elles sont l'objet d'une chasse très-profitable à cette contrée.

Les merles de l'Europe occidentale paraissent avoir fixé

en Corse un de leurs principaux quartiers d'hiver. Lorsqu'ils arrivent en septembre et en octobre, fatigués du voyage, ils se nourrissent d'abord d'olives, puis ils mangent les arbouses et les baies du myrthe, et par cette nourriture, ils acquièrent une saveur délicate et une chair parfumée qui les rend préférables aux grives : les merles de Corse ont une réputation justement méritée. On en prend dans la saison un nombre prodigieux : les bateaux à vapeur qui font le service des paquebots, en emportent chaque semaine des quantités incroyables, quelquefois trente mille. On les suspend en guirlandes dans les vergues ; cependant l'espèce ne diminue pas.

Ce sont les grives qui, à l'approche de l'automne, apparaissent les premières. Leurs volées sont, dit-on, innombrables, lorsqu'à leur arrivée des pays septentrionaux, de la Laponie, de la Sibérie, elles s'abattent sur la côte méridionale de la Baltique : les mauvis viennent ensuite, puis les litornes, puis les draines. Avant les vendanges, les bois situés en montagne sont les lieux que les grives paraissent préférer; elles se montrent dans les pays de vignobles précisément à l'époque de la maturité des raisins, disparaissent après la vendange et reviennent dans les mois de mars et d'avril. Les grives causent de véritables dommages dans les vignes à l'époque des vendanges; elles sont également très-friandes de figues, d'olives et du fruit des alisiers; elles sont donc nuisibles dans certains temps de l'année; mais en dehors de la saison des fruits et des baies, elles se rendent utiles par la grande destruction qu'elles font d'insectes, de vers et de limaces, le long des bois, des haies et des buissons qui bordent les prairies.

L'époque de la chasse aux grives et aux merles se détermine par celle des vendanges. Elle ne commence qu'avec le mois de septembre au plus tôt. Il y aurait peu d'avantage à faire cette chasse dans le mois de mars, lors du passage de retour après la clôture générale.

En Provence, on chasse la grive, comme la plupart des oiseaux, au poste avec des appelants. Mais la petitesse de l'oiseau fait qu'il est coûteux d'employer à cette chasse le fusil. Toutes sortes de piéges y sont applicables. Dans les départements du Jura, de l'Ain et les divers districts alpestres où les grives paraissent séjourner, comme les bécasses, pendant une partie de l'année, on se sert de la pantière ou de l'araigne. Divers trébuchets qui ont pour base le quatre de chiffre, sont en usage dans le midi : les habitants de la Lorraine se servent des piéges appelés sauterelles ou raquettes. Le procédé le plus généralement employé est le lacet ou collet : on ne prend les merles en Corse que par ce moyen.

Les grives et les merles nous semblent devoir être classés au nombre des oiseaux qu'on fera bien de chasser et de prendre toutes les fois que l'occasion s'en présentera, sans viser toutefois à en faire diminuer l'espèce.

Bergeronnettes. Nous aurions pu mentionner la chasse de ces oiseaux en parlant des chasses des oiseaux d'été, ortolans, bec-figues, muriers. On la commence effectivement avant la fin de l'été; mais elle se prolonge autant qu'aucune des chasses de l'automne.

La plupart des bergeronnettes, particulièrement l'espèce dite printanière, émigrent vers le midi; néanmoins de toutes les espèces d'été, c'est celle qui nous quitte la dernière et qui reparaît la première au printemps. D'un autre côté, les bergeronnettes grises ou lavandières, et surtout les bergeronnettes jaunes, sont sédentaires en grande partie. Après avoir, pendant toute la belle saison, vécu des insectes qu'elles recueillent dans les prairies, à la suite des troupeaux, puis des vers et des larves que la charrue met à découvert dans les sillons, elles vont en hiver à la recherche des vermisseaux, le long des petites rivières, dans les lieux marécageux, près des sources qui ne gèlent pas; enfin, lorsque le froid détruit les insectes, elles recourent aux vers nourris dans les fumiers et quelquefois même à de petites graines.

On ne fait pas généralement la chasse aux bergeronnettes; mais comme leur chair est délicate et grasse en automne, elles sont, malgré leur petitesse, dans quelques contrées où elles abondent, notamment dans l'Agenois, l'objet d'une chasse assez destructive. On les prend aux filets dans les prairies ou dans les plaines situées au bord des eaux.

En indiquant la pratique de cette chasse, nous enregistrons un fait plutôt que nous ne l'approuvons, et que nous n'en désirons surtout la continuation. Les bergeronnettes, qui se nourrissent exclusivement d'insectes et de sauterelles, rendent de véritables services, et nous voudrions qu'au lieu de les chasser comme gibier, on les assimilât aux hirondelles qui deviennent à la fin de l'été un mets assez délicat, et cependant sont généralement respectées comme oiseaux utiles pour la destruction des insectes.

Rouges-gorges, Fauvettes. Il y a, indépendamment des bergeronnettes, plusieurs espèces insectivores qui passent l'année entière dans nos contrées. La fauvette d'hiver, vulgairement appelée traîne-buisson, arrive dans le nord de la France pendant les mois d'octobre et de novembre, et, quoique sa nourriture consiste principalement en insectes et en vermisseaux, on la rencontre plus en abondance dans l'hiver que pendant l'été. Certains insectivores qui nichent dans notre pays, tels que bec-fin, rouge-gorge, fauvette rousse, roitelet, sont néanmoins généralement domiciliés plus avant vers le nord, en

Ecosse, en Norwège, en Suède, en Danemarck, en Hanovre, dans les Pays-Bas. Beaucoup de ces oiseaux se rencontrent en France communément pendant toute la saison d'hiver. L'espèce des rouges-gorges, par exemple, en Normandie, en Anjou [1] et en d'autres contrées, paraît être aussi abondante dans une saison de l'année que dans l'autre, d'où l'on a inféré qu'elle ne voyageait pas. Néanmoins les rouges-gorges émigrent annuellement en majorité. Les migrations de toutes ces petites espèces septentrionales sont fort retardées par rapport à celles des oiseaux du midi. On leur fait dans ces temps la chasse avec avantage, principalement aux rouges-gorges dans quelques pays.

Les rouges-gorges semblent n'aimer ni le froid ni l'excès de la chaleur; ils fréquentent de préférence les pays boisés, frais et humides : on les trouve particulièrement en été le long des buissons, sur les montagnes, dans les ombrages épais. Ils émigrent, lorsque l'hiver, devenu rigoureux, donne la mort aux insectes et flétrit les petites baies des arbustes. Leur migration en France paraît être dirigée principalement du nord-ouest au sud-est. En sortant des forêts des Ardennes, ils se portent dans les régions boisées que présentent les départements de la Meuse, de la Moselle, de la Meurthe, des Vosges, de la Haute-Marne, de la Haute-Saône, du Doubs, du Jura; puis ils gagnent les forêts du Suntgau et sans doute encore des contrées plus méridionales : dès le mois de mars, ils reviennent et s'arrêtent par détachements dans les divers cantons où ils sont nés et où ils doivent nicher.

Ces petits oiseaux, excellents à manger lorsqu'ils sont devenus gras, se chassent surtout dans les grands bois de

[1] *Hist. natur. de la Normandie.* — *Faune de Maine-et-Loire.*

la Lorraine et de la Bourgogne. C'est en septembre, à la suite des premiers brouillards de l'automne, que commence le passage, ou, suivant le terme employé dans quelques parties de la Lorraine, la *foule*, qui se termine dès le commencement de novembre. Pendant les deux mois de septembre et d'octobre, les bois se remplissent de rouges-gorges; les marchés de Nancy, Metz, Toul, Verdun, Thionville en sont couverts, et chaque jour les tables sont ornées de longues brochettes de ces oiseaux.

En Bourgogne, la chasse des rouges-gorges et des becs-fins en général, est un métier assez lucratif : ce gibier délicat s'envoie jusque dans la capitale.

On prend les rouges-gorges au moyen de gluaux, mais plus généralement avec le piége fort simple appelé *sauterelle* ou *raquette*, et qui porte aussi à Verdun, et dans le département de la Meuse, le nom de *regibaud*. Ces piéges, auxquels se prennent également des grives et en général les divers oiseaux qui perchent, sont tendus par centaines dans les clairières des bois et le long des sentiers. Les chasseurs, accompagnés d'enfants, passent les nuits sur le lieu de la *tendue* pour recueillir les oiseaux qui se prennent après la fin du jour ou avant le lever de l'aurore, et dont les bêtes puantes, les oiseaux de rapine et les chats viendraient s'emparer.

Les communes, propriétaires de bois, afferment le droit d'y faire cette petite chasse.

Un grand nombre de fauvettes rousses se prennent dans le même temps que les rouges-gorges et aux mêmes tendues.

On dit que les fauvettes gorges-bleues, qui ne sont pas sédentaires, et que l'on connaît peu dans la majeure partie de la France, se chassent dans l'Alsace vers l'époque du passage des rouges-gorges; ces fauvettes se montrent effectivement en assez grande abondance dans la vallée du Rhin et dans quelques autres vallées, parmi lesquelles nous citerons la vallée de l'Isère.

Alouettes et Cochevis. De tous les oiseaux indigènes qui demeurent sédentaires ou qui deviennent voyageurs sous l'influence des changements de saison, il n'en est pas de plus répandus que les alouettes. Cette grande famille, qui comprend une trentaine d'espèces, a été longtemps augmentée de celle des pipis, qui ont à la vérité avec elles une ressemblance extérieure; mais les habitudes et la nourriture de ces derniers les rattachent plutôt aux bergeronnettes.

Les alouettes ont été fort anciennement en vénération dans l'Orient, ainsi que nous l'apprend Plutarque, cité par Buffon. En effet, la nourriture la plus ordinaire des jeunes alouettes se composant de vers, de chenilles, d'œufs de fourmis et même de sauterelles, c'est un véritable et grand service que la destruction de ce dernier insecte dont les ravages amènent la famine en détruisant les récoltes. Mais les alouettes adultes dévorent, indépendamment des insectes et de leurs larves, toutes espèces de graines, de petites semences d'herbes et la jeune pousse des grains. On a même prétendu, dans quelques régions du nord de la France, que c'était là principalement leur nourriture, d'où l'on a conclu que ces oiseaux étaient sans utilité pour l'agriculture.

Il est assez généralement admis que les alouettes des champs, dont l'espèce est la plus commune, ont diminué de nombre, surtout depuis le dernier siècle (1); cependant il n'y a guères de régions en France où on ne les prenne en très-grande abondance.

(1) *Ornithologie du Dauphiné*, par Bouteille.

Les alouettes, dans les temps de frimats et de neige, descendent des lieux élevés dans les plaines et vers les bords de la mer. Ce dernier fait s'observe notamment sur les côtes de Normandie et de Picardie. On les prend par milliers sur les dunes de Boulogne et de Montreuil-sur-Mer, ainsi que dans la plaine basse de l'embouchure de la Seine, contiguë à la petite ville de Quillebeuf, dans le département de l'Eure. En Provence, on cite comme un des points les plus fréquentés par les alouettes la plaine de Nîmes et les environs des marais de la Camargue [1]. Dans une grande partie du midi de la France, la capture des alouettes sur les chaumes des terres à blé, où elles se tiennent principalement, forme une des occupations les plus lucratives des oiseleurs. Il paraît que, dans le département de Tarn-et-Garonne, où elles arrivent en hiver par quantités immenses, on évalue à quatre cents le nombre des familles qui se font de cette chasse une industrie. L'oiseleur afferme un champ pour y placer ses lacets et ses filets : il s'y rend accompagné de deux ou trois personnes ou enfants qui surveillent ses lacets et enlèvent les oiseaux capturés. En Sologne encore, la chasse aux alouettes est un objet de quelque importance. Mais la terre véritablement classique de la chasse de l'alouette, c'est la Beauce, c'est-à-dire cette plaine vaste et fertile qui se trouve comprise entre Chartres, Etampes, Pithiviers, Orléans, et Châteaudun. Les pâtés d'alouettes de Pithiviers ont à juste titre acquis une grande renommée : on en fait un commerce assez considérable, et qui, d'après un calcul soumis l'an dernier au conseil général du Loiret, procure annuellement à l'arrondissement de Pithiviers un revenu de 75 à 100,000 francs.

[1] *Ornithologie du Gard.*

L'alouette se chasse dans la Beauce, depuis la mi-octobre, époque où elle s'est engraissée, jusqu'aux fortes gelées qui l'obligent à se porter vers des pays plus tempérés. Jusqu'à présent, on employait à cette chasse principalement un filet à traîner de quinze à vingt mètres de largeur sur quatre ou cinq de longueur. Pendant les nuits noires, deux hommes, marchant parallèlement, le tenaient tendu à la hauteur d'un mètre au-dessus du sol, de manière à le laisser tomber aussitôt qu'un bruit les avertissait de la présence du gibier que devaient réveiller des brins de pailles flottants; deux alouettiers pouvaient prendre dans une seule nuit jusqu'à vingt douzaines d'alouettes et souvent aussi des perdrix en même temps. Ce mode se pratiquait également dans les Vosges.

Le maintien de cet usage a été demandé; mais les conseils généraux ont pensé que l'interdiction formelle de la chasse de nuit, prononcée par la loi, ne comportait aucune exception; que les filets à traîner qui peuvent servir à dépeupler un territoire de son gibier, devaient entièrement disparaître : en conséquence ce procédé est demeuré interdit.

Partout ailleurs, on n'a jamais procédé à cette chasse que de jour.

On prend beaucoup d'alouettes au moyen du filet à nappes mobiles avec miroir, sifflet, appeaux et appelants.

Dans les régions de plaines et particulièrement dans celles où les sillons sont profonds, on emploie, soit concurremment avec les filets, soit préférablement, des lacets en crin de cheval. Les paysans de l'Anjou attachent ces lacets ou collets en très-grand nombre à une forte et très-longue ficelle, ce qu'ils appellent une *clayée de collets*. Afin d'empêcher que ces lacets ne puissent servir à prendre un gibier plus fort, il a été recommandé par tous les arrêtés des préfets de n'y employer qu'un seul crin.

Dans quelques localités méridionales, on prend les alouettes comme les ortolans, dans des cages à trébuchets.

La chasse aux alouettes, dans la presque totalité de la France, commence en septembre, après l'enlèvement des céréales, et finit en novembre. On la prolonge toutefois jusqu'en janvier dans quelques départements voisins de la Méditerranée.

Le cochevis ou alouette huppée ne se trouve pas également partout; elle est plus généralement répandue dans le midi que dans le nord. Les règles de chasse qui concernent l'une, sont applicables à l'autre. On assure que les alouettes font par an deux couvées de quatre ou cinq petits, et même jusqu'à trois dans les beaux climats de la France. La destruction de l'espèce ne nous semble donc pas imminente, et la double prohibition de la chasse de nuit et de l'emploi des filets à traîner suffira vraisemblablement à en assurer la conservation, autant qu'elle peut être désirable dans l'intérêt de l'agriculture.

Bruants, gros-becs, tarins, linots, verdiers, pinsons, chardonnerets. La désignation des petites espèces d'oiseaux d'hiver, comme celle des petites espèces d'oiseaux d'été, présente des confusions. Leurs noms locaux et ruraux varient à l'infini, et, en quelque sorte, d'un canton à l'autre. On connaît généralement sous le nom de verdière l'oiseau que les ornithologistes appellent bruant jaune, et sous le nom de bruant celui qu'ils appellent verdier. En même temps qu'une seule espèce porte plusieurs noms différents, plusieurs espèces différentes sont confondues sous un même nom. Pour un grand nombre d'habitants des campagnes, tous les petits oiseaux s'appellent moineaux; et, dans le vocabulaire gastronomique des parisiens, le terme de *mauviettes*, qui paraît avoir été primitivement le nom du mauvis, sert à désigner indistinctement tous les petits oiseaux d'hiver qui se mangent, alouettes, bruants, pinsons et jusqu'aux moineaux, de même que le nom de bec-figue, en gastronomie, désigne plusieurs espèces de petits oiseaux d'été.

Les oiseaux dont le nom se trouve inscrit en tête de ce paragraphe, forment de nombreuses tribus; ils sont tous principalement granivores. Or, il est avéré que, parmi les oiseaux de petite taille, ce ne sont pas, à l'exception de l'ortolan, les granivores qui fournissent les morceaux les plus estimés. Les moineaux, les gros-becs, les pinsons, grands mangeurs de graines, ne figurent pas en général sur nos tables. Il est vrai que l'alouette s'y place honorablement; mais elle mange autant d'insectes que de graines. Consultez les gastronomes : ils attesteront que les petits oiseaux renommés comme mets, sont en grande majorité des oiseaux à bec fin, qui se nourrissent surtout de vermisseaux, de mouches et d'insectes.

Néanmoins on s'occupe généralement de chasser et de prendre les petits oiseaux granivores, à bec conique : leur abondance et leur facilité très-grande à donner dans tous les piéges, dédommagent du peu de délicatesse de leur chair, et les oiseleurs recherchent en eux des chanteurs fort bons à mettre en cage.

Tous ces oiseaux ont entre eux beaucoup de rapports d'habitudes et de nourriture. Pendant l'été, ils nichent dans des pays plus ou moins septentrionaux, par paires isolées, au milieu des campagnes ou au fond des bois; quand vient l'automne, ils se rassemblent. Une partie émigre vers le midi, les autres demeurent; et lorsque l'hiver devient rigoureux, toutes ces espèces se mêlent; bruants, pinsons, verdiers, moineaux, linottes, pèlemêle réunis, composent des bandes qui se répandent sur les grands chemins, s'approchent des lieux habités, et vont, dans les temps de neige, jusque dans les cours de nos fermes, chercher soit la nourriture qu'ils ne trouvent plus en rase campagne, soit même un refuge contre la rigueur du froid.

Les chardonnerets qui semblent, dans beaucoup de contrées, ne voyager jamais, passent dans la Flandre et dans l'Artois, suivant le rapport de M. Degland, et notamment dans les environs de Dunkerque, Cambrai, Arras, par troupes quelquefois très-nombreuses, au point qu'il se fait à Lille un commerce important de ces oiseaux dans la saison où on les prend.

Les linottes et les tarins, qui nichent principalement dans le nord de l'Europe, font des passages semblables dans certaines contrées, souvent en grand nombre, jamais avec régularité.

Le pinson ordinaire est principalement sédentaire : quant au pinson d'Ardenne, dont les bandes plus ou moins nombreuses apparaissent irrégulièrement dans les années où ils prévoient des hivers rigoureux, et au pinson du nord, ou ortolan de neige, qui se montre en abondance sur nos côtes maritimes, ce sont des espèces qui ne nichent jamais chez nous, et n'y viennent que dans des circonstances purement accidentelles; d'ailleurs elles sont meilleures comme aliment que notre pinson indigène.

Les procédés qui servent à prendre les petits oiseaux d'été, savoir : gluaux, trébuchets, lacets, filets à alouettes, sont également employés à la capture des petits oiseaux d'hiver.

Il ne se présente à nous aucune autre espèce d'oiseaux à comprendre dans cette revue sommaire des chasses exceptionnelles auxquelles le gibier de passage peut donner lieu. L'énumération que nous en avons donnée épuise les éléments que nous avons recueillis dans la collection des arrêtés pris sur cette matière, depuis une année, par MM. les Préfets des départements. Nous avons espéré que notre travail pourrait être utilement consulté pour la préparation des règlements administratifs concernant les époques et les modes et procédés de ces chasses exceptionnelles, en procurant les moyens d'apprécier la portée de ces mesures, selon les habitudes des espèces, les temps de leurs migrations, leurs séjours accoutumés et les ressources que la nature a consacrées à la reproduction.

§ III. *Chasse exceptionnelle du Gibier d'eau.*

L'exception que la loi a admise pour la chasse des oiseaux de passage, est uniquement relative à la nature du gibier, et nullement à la nature des lieux.

Celle que renferme le paragraphe suivant de la loi, pour la chasse du gibier d'eau, procède à la fois de la nature du gibier et de la nature des lieux.

C'est ici l'occasion de placer une remarque concernant la chasse sur la mer et sur ses bords et dépendances.

Cette chasse est un objet de quelque importance pour certaines localités, notamment pour la plupart de celles qui avoisinent quelque bras de mer dont les eaux s'avancent dans l'intérieur des terres. Le principal exemple qui se présente à nous est le bassin d'Arcachon qui, bien qu'enclavé dans les terres, s'alimente à peu près exclusivement des eaux de la mer, avec laquelle il communique par le moyen de deux larges canaux, de manière à participer au flux et reflux de l'Océan. Ce bassin est le théâtre d'une chasse aux oiseaux de mer assez considérable. Les marins des environs de la Teste, lorsqu'ils ne sont pas occupés à la navigation, ou que les tourmentes de l'hiver ne leur permettent pas de se mettre en mer pour la pêche, n'ont d'autre ressource que la chasse qu'ils appellent la pêche aux canards sauvages : ils pratiquent en effet cette chasse au moyen de leurs filets de pêche. Quand la mer s'est retirée, ils les assujétissent sur de longues perches de bois de pin, enfoncées par le gros bout dans les vases restées à sec, de telle sorte qu'ils soient tendus dans le haut, et forment poche dans la partie déclive. Le canard, après y être venu frapper, tombe dans le fond et reste empoché.

Cette sorte de chasse, dans la commune de Lège, offre un caractère local particulier. Cette commune a acquis, au commencement du seizième siècle, du duc d'Epernon, alors seigneur de ces contrées, moyennant une somme de 2,400 livres tournois, le droit absolu de chasse. Ce droit, garanti par un contrat, s'exerce de temps immémorial dans des conditions déterminées. Deux syndics, tous les ans, au mois d'octobre, convoquent les familles de la contrée. Chacune d'elles désigne deux hommes, qui font, au profit de tous, la chasse des canards. Les syndics indiquent le lieu, qui est toujours le bas d'une dune où il y a de l'eau douce : on s'y rend en corps, lorsque la nuit est très-obscure. De longues perches enfoncées dans le sable retiennent un filet fortement tendu par le haut et dont la partie inférieure, au moyen d'une corde et d'une poulie, se retrousse brusquement : les canards qui viennent boire l'eau douce y sont pris en quantités énormes : la plus grande partie des habitants de Lège vivent de cette chasse pendant l'hiver.

Dans les étangs des Landes, tels que ceux de Tosse, de Soustons, de Léon, de Saint-Julien, vastes lagunes dont les eaux solitaires et poissonneuses sont fréquentées par une multitude d'oiseaux de l'ordre des palmipèdes; dans l'étang de Biscarosse en particulier, au lieu de prendre les canards avec des filets au-dessus de l'eau, on les prend au fond avec des filets posés horizontalement et qui les retiennent dans leurs mailles au moment de l'immersion.

Le plus ordinairement, on les tue au fusil, soit du rivage, soit du haut d'une embarcation, lorsqu'ils voltigent au crépuscule du soir.

Nous ne trouvons dans la loi du 3 mai 1844 aucune disposition qui concerne la chasse sur la mer, ou sur ses rivages. Que faut-il en induire? Selon nous, que le législateur a entendu ne régler la chasse que sur la terre ferme, et qu'il a laissé en dehors de la loi la chasse sur la mer ou sur ses dépendances.

Il y a dans les circonstances mêmes des lieux quelque chose qui semble commander cette exception.

La mer a ses oiseaux qui n'appartiennent qu'à elle et qui ne sont en contact avec la terre ferme que par le rivage. Les habitudes des oiseaux pélagiens sont telles qu'ils ne viendraient jamais à terre s'ils n'étaient obligés de déposer leurs œufs dans les fentes de quelques écueils ou si les coups de vent ne les y jetaient de temps à autre. Par leurs ailes longues et fortes, par leurs larges pattes, ils se soutiennent constamment sur la surface des mers, et n'apparaissent qu'irrégulièrement sur les côtes. On ne voit de même que très-rarement dans l'intérieur des continents les oiseaux nageurs des régions arctiques, lorsqu'ils sont amenés par la rigueur extrême des hivers ou par la violence des ouragans. Les petrels ou oiseaux de tempête, les plongeons des mers glaciales, les eiders et les macreuses, les oies bernaches et cravants, les harles, les phalaropes, les stercoraires, enfin même les oiseaux du Nord à qui la nature a presque refusé la faculté de voler, les macareux, les guillemots, les pingouins, tous ces oiseaux dont la présence dans notre zône est due pour l'ordinaire à des circonstances accidentelles, ne se voient que sur les côtes maritimes, soit par bandes dans l'automne et en hiver, soit même isolés en toute saison : ils ne perdent presque jamais de vue la mer. D'un autre côté, il y a des oiseaux qui appartiennent en propre aux côtes de France; tels sont les mouettes ou mauves et les goëlands que nous voyons toute l'année, mais néanmoins en plus grande abondance au moment des tempêtes. En outre, des passages réguliers amènent sur ces mêmes côtes, en quantités souvent innombrables, des oiseaux moins septentrionaux et qui se rencontrent aussi dans les eaux douces de l'intérieur : les bécasseaux ou alouettes de mer, les barges, les pluviers, les courlis, diverses espèces de chevaliers.

Quelles raisons peuvent, selon l'esprit de la loi du 3 mai 1844, s'opposer à ce qu'on chasse pendant toute l'année sur la mer ou sur les rivages?

Quelque soit le mode ou le procédé de chasse, aucune récolte n'en souffrira. La reproduction des espèces de mer, espèces dont l'homme tire peu de services, n'en sera pas sensiblement affectée : il serait bien difficile, en effet, d'apprécier dans quelle proportion tous les chasseurs réunis des côtes maritimes de France peuvent préjudicier à la multiplication de ces oiseaux à peu près cosmopolites, qui se montrent à tous les continents, sans avoir d'attachement pour aucun, et qui se reproduisent par milliers dans les terres arctiques d'où la glace et les hivers tiennent le genre humain constamment éloigné.

MM. les Préfets des départements maritimes ont compris ces motifs : aussi la plupart ont-ils énoncé dans leurs arrêtés, que la chasse des oiseaux de mer aurait lieu toute l'année sur les côtes et grèves de la mer et même sur celles des rivières que le flot couvre et découvre à chaque marée. Le point de démarcation peut se déterminer par la ligne séparative des terrains assujétis à la contribution foncière.

Revenons à ce qui concerne la chasse des oiseaux d'eau dans les marais, sur les étangs, fleuves et rivières.

Cette chasse se confond en partie avec celle des oiseaux de passage. En effet, la plupart des oiseaux d'eau sont en même temps des oiseaux de passage, et c'est uniquement à ce dernier point de vue que des modes et procédés particuliers, tels que filets, piéges, lacets, peuvent être mis en usage pour les prendre. Il ne faut pas oublier que le gibier d'eau, envisagé exclusivement comme tel, ne peut être chassé qu'à tir. L'exception que la loi a admise ne regarde que l'époque et subordonne à la condition du lieu l'exercice de la faculté concédée. Elle n'a d'effet que pour les saisons du printemps et de l'été; et elle n'est à peu près exclusivement applicable qu'au gibier qui niche et se reproduit dans les eaux de notre pays; or, le plus grand nombre des oiseaux aquatiques qui nichent dans les régions septentrionales, ne se trouve guère dans nos climats en dehors du temps ordinaire de la chasse.

Il y a en France deux genres de sarcelles. L'une arrive en troupes nombreuses vers le mois d'octobre, séjourne pendant l'hiver, et repart vers la fin de mars. C'est la sarcelle d'hiver ou petite sarcelle. L'autre ne paraît point en hiver; elle arrive dans les premiers jours de mars et repart vers la fin d'août ou en septembre; c'est la sarcelle d'été ou ordinaire. Les unes et les autres nichent, soit en totalité, soit en partie, dans nos marais et nos étangs. Voici, en ce qui regarde ce gibier, le point important à noter. Envisagées comme gibier d'eau, le Préfet peut autoriser à chasser les sarcelles à tir en dehors du temps ordinaire; comme gibier de passage, il lui est facultatif d'en autoriser la chasse pour toutes les époques de l'année, suivant des modes et des procédés particuliers.

Les jeunes bécassines qu'on trouve chez nous vers la fin de l'été sont du gibier d'eau indigène; les bécassines adultes qui font leur apparition dans l'automne, sont des oiseaux de passage.

Même distinction pour les canards sauvages, parmi lesquels il y en a, comme nous l'avons vu, qui voyagent et d'autres qui demeurent. Les cannes qui sont restées chez nous y nichent dans le mois de mars, et les jeunes canards, qu'on appelle halbrans jusqu'au mois d'octobre, commencent à voler vers la fin de juin. En octobre, ils se réunissent aux canards de passage et se confondent avec eux.

On tient assez généralement pour sédentaire la poule d'eau, bien que, dit-on, elle fasse des voyages accidentels dans certaines contrées. Ce serait donner un démenti aux notions les plus répandues que de la traiter comme oiseau de passage. Si donc on la chasse pendant l'été, en vertu d'une autorisation exceptionnelle, ce sera uniquement comme gibier d'eau.

Le râle d'eau a beaucoup de rapport avec la poule d'eau; il se tient également à demeure pendant toute l'année dans beaucoup de régions; néanmoins, la majeure partie de l'espèce est considérée comme voyageuse.

Il n'a pas été fait un usage à beaucoup près général de la faculté accordée par la loi aux Préfets et aux Conseils généraux, d'autoriser la chasse du gibier d'eau en temps exceptionnel. La région montagneuse et centrale de la France, dans laquelle nous avons vu que les chasses des oiseaux de passage offrent peu d'importance, semble n'être pas plus favorisée relativement à la chasse du gibier d'eau pendant la belle saison. Dans la Creuse, le Cantal, la Lozère, l'Aveyron, le Puy-de-Dôme, la Haute-Loire, l'Isère et même le Jura, cette sorte de chasse est à peu près nulle; ou du moins il paraît qu'on n'a pas l'habitude de chasser les oiseaux d'eau en dehors du temps ordinaire de la chasse, bien que, sous l'empire de la loi de 1790, on ait pu le faire d'une manière illimitée et en tous temps, sur les lacs et sur les étangs.

Une région voisine, quoique différente, et qui se compose d'une dizaine de départements environ, occupant l'intervalle situé entre Bordeaux, Montpellier et les Pyrénées, paraît être à cet égard dans la même condition.

Dans quelques autres régions où cette chasse se pratique, on a mis en doute s'il fallait la maintenir. On a dit : la chasse du gibier d'eau nécessite le parcours d'un territoire pour se rendre au marais. Elle se fait principalement dans les mois de juillet ou d'août. Plusieurs espèces, les poules d'eau, par exemple, ont deux couvées par an, et la seconde n'est jamais bonne à chasser avant le 15 août. Vers ce même temps, les perdreaux commencent à voler. Or, les chasseurs aux marais se refuseront-ils le plaisir de tirer des perdreaux dans l'occasion? Une des chasses les plus usitées sur les rivières est celle des culs-blancs, qu'on chasse du haut d'un bateau qui coule au fil de l'eau en rasant les berges. Or, dans le mois d'août, divers oiseaux, autres que les culs-blancs, viennent s'offrir au chasseur le long des cours d'eau, entr'autres les perdreaux que les moissonneurs ont forcés de se réfugier dans les couverts des berges, les tourterelles et les ramiers qui viennent s'abattre sur les peupliers pour boire à la rivière.

Dans beaucoup de localités il y a des prairies qui ressemblent à des marais, en ce que, pendant une assez grande partie de l'année, elles sont couvertes d'eau, et qui s'en distinguent, en ce qu'elles ne sont ni submergées en tout temps, ni couvertes de joncs et de roseaux. Souvent, pendant l'été, le gibier de plaine se retire dans ces prairies demi-sèches, soit pour y prendre le frais, soit pour échapper aux poursuites des moissonneurs. Comme ces prairies sont ordinairement désignées sous le nom de marais, ne sera-t-il pas facultatif, grâce à l'autorisation générale relative au gibier d'eau, de venir chasser dans ces prairies le gibier de plaine qui s'y trouvera?

On a mis encore en avant une autre raison dans l'intérêt de la conservation des espèces. Si la chasse du jeune canard a lieu avant que cet oiseau ait de l'aile, il est facile de détruire des couvées entières : si elle a lieu lorsque l'aile est poussée, le canard s'envole au premier coup de fusil et il va chercher un autre étang ou marais, sur lequel il ne soit pas inquiété; et de ces circonstances, il résulte que tous les ans l'espèce disparaît à peu près pendant les mois d'automne.

L'intérêt de l'agriculture a été également invoqué. Le Conseil général de la Manche a représenté que, dans ce département, les foins qui entourent et couvrent les marais ou bordent les rivières, ne se récoltent souvent qu'en août et même en septembre. Autoriser la chasse du gibier d'eau avant l'époque ordinaire de la chasse, ce serait exposer les produits agricoles à la dévastation des chasseurs.

Enfin on a dit que la constatation des contraventions, du fait, soit des chasseurs, soit des revendeurs de gibier, donnerait lieu à d'innombrables difficultés. D'où cette conclusion que si l'on accorde l'exception dont il s'agit, l'effet de la loi est détruit; car on multiplie les occasions de l'éluder et l'on fait revivre les abus auxquels elle doit remédier.

Aucune de ces objections n'est demeurée sans réponse, et voici les explications qui ont été données.

D'abord, il est bien avéré que l'on doit regarder comme marais, non les terrains humides où l'on aperçoit quelques joncs au milieu d'herbes de bonne qualité, mais seulement les terrains fangeux couverts d'eau en majeure partie et qui donnent au propriétaire, pour unique récolte, des joncs et des roseaux. La signification du mot marais étant ainsi limitée, comment penserait-on que l'agriculture eût à souffrir de l'exercice de la chasse dans des lieux qui demeurent incultes, ou dont les récoltes n'ont presque aucune valeur?

Y a-t-il d'ailleurs à craindre beaucoup de contraventions et d'abus, si les officiers publics et les agents de l'autorité exercent, avec quelque rigueur, la surveillance dont la loi les a chargés? Tout délit auquel la chasse du gibier d'eau, en temps d'exception, peut donner lieu, est facile à constater : ce n'est jamais qu'un fait matériel.

Le chasseur qui, pendant l'été, rencontrant en plaine un oiseau de marais égaré, le tue, se met en contravention, encore bien que la chasse du gibier d'eau soit permise par exception; car la faculté exceptionnelle qui dérive de l'arrêté préfectoral, ne peut être exercée que dans les marais et sur les étangs, fleuves et rivières. Le même chasseur qui, rencontrant un lièvre au marais, le tue, se met pareillement en contravention; car il n'est autorisé à chasser dans les marais que le gibier d'eau. Enfin celui que le garde champêtre, au bois ou dans la plaine, ou l'employé de l'octroi, aux portes de la ville, arrête porteur d'une pièce de gibier qui n'est pas un oiseau d'eau, encourt non moins inévitablement une poursuite. Dans tous les cas, la contravention est facile à établir; car une perdrix ne saurait être jamais confondue avec un canard, ou une caille avec une bécassine, aucun gibier de plaine avec une poule d'eau.

Cette crainte des abus, si elle devait apporter quelque empêchement à la chasse du gibier d'eau, ferait interdire avec plus de raison les chasses des oiseaux de passage, qui ne sont pas circonscrites à un territoire déterminé, et qui présentent à la fois beaucoup d'occasions d'éluder la loi générale ou les règlements locaux, et beaucoup de ressources pour couvrir les infractions commises.

Les raisons qu'on a alléguées en vue de la conservation des espèces aquatiques, ne semblent appartenir qu'à un intérêt purement local, dont toute la portée serait de ne pas éloigner d'un étang, d'un canton, les oiseaux qui s'y sont fixés. Pour ce qui regarde l'intérêt de ces espèces, en général, nous avons établi, à l'occasion des oiseaux de passage de l'ordre des échassiers, ou de celui des nageurs, qu'il n'y a pas lieu de s'alarmer.

Quelque latitude que l'on donne à la chasse du gibier d'eau, nous insisterons pour que cette chasse demeure suspendue pendant le temps de la ponte, de l'incubation et de l'accroissement des couvées. La loi de 1790 était trop large en permettant de s'y livrer pendant toute l'année sur les étangs et les cours d'eau.

On s'est accordé généralement à reconnaître que la chasse du gibier d'eau offrirait des inconvénients dans les pays où il n'y a que peu ou pas de marais. Mais on l'a maintenue dans la plupart des pays d'étangs et de grands marécages, où elle était précédemment en usage. Un grand nombre de marais sont des propriétés communales qui procurent aux caisses municipales, par la location du droit de chasse, un revenu quelquefois important : l'interdiction de cette chasse aurait causé aux communes un préjudice sans compensation.

Il a été déjà indiqué ci-dessus que la chasse du gibier

d'eau se pratique plus généralement dans le nord que dans le midi.

En Flandre, d'immenses prairies que d'étroits fossés coupent en tous sens, dans les vallées de la Lys, de la Scarpe, de la Deule et de l'Escaut, se peuplent avant et après les inondations, de bécassines et de marouettes.

En Picardie, cette large zône de terre baignée d'eau, qui s'étend depuis la mer jusqu'au Laonnois, et dont Amiens est le centre, fourmille de bécassines, râles, poules d'eau, sarcelles, foulques, halbrans.

Dans la Flandre, la Picardie et le Laonnois, on commence la chasse du gibier d'eau dès les premiers jours d'août ; on la clôt à la mi-avril.

Cette même chasse se pratique en Normandie dans quelques marécages voisins de la mer ; mais elle y est de peu d'importance. Elle est consacrée dans tous les départements du littoral de la presqu'île de Bretagne, rendez-vous assuré et habituel d'un nombre immense d'oiseaux aquatiques égarés sur l'Océan. MM. les Préfets d'Ile-et-Vilaine, des Côtes-du-Nord, du Finistère, du Morbihan, ont décidé qu'elle commencerait dès la fin ou même dès les premiers jours de juin, mais qu'elle serait suspendue à partir du 1er août. La chasse du gibier d'eau, resserrée dans des limites étroites par cette sorte d'arrangement, ne saurait dégénérer en une chasse au gibier de plaine, qui, trop jeune encore pour mériter que le chasseur y acharne sa poursuite, est d'ailleurs protégé par les récoltes encore généralement sur pied.

Les départements adjacents à la Basse-Loire, Loir-et-Cher, Indre-et-Loire, Indre, Deux-Sèvres, Mayenne, renferment un grand nombre d'étangs sur lesquels on commence la chasse en juin, et au plus tard en juillet. Il paraît qu'on l'interrompt en août.

Dans la Lorraine et dans l'Alsace, on la commence en juillet.

Toute la région de l'est, à partir du département de l'Aube jusqu'à celui de l'Ain, la Haute-Marne, la Côte-d'Or, la Haute-Saône, le Doubs, l'Allier, la Loire, le Rhône et Saône-et-Loire ouvrent cette chasse en août ou même plus tard : on la continue sans interruption jusqu'en avril.

Quant aux départements des bords de la Méditerranée, nous avons eu occasion d'indiquer toute l'importance des chasses qui s'y font sur les étangs. Mais on n'ouvre pas ces chasses avant l'époque ordinaire d'ouverture de la chasse, et l'usage est de les clore en mars ou au plus tard en avril.

La chasse sur les grands cours d'eau est assez généralement assimilée à la chasse sur mer; elle a du moins été autorisée d'une manière illimitée sur la Seine par MM. les Préfets de la Seine et de la Seine-Inférieure, et sur la Saône et la Loire par M. le Préfet de Saône-et-Loire, sous la condition que les chasseurs n'emploieraient que le fusil et se tiendraient dans leurs barques, sans en sortir : c'est ainsi que cette chasse se pratique sur la Saône, avec beaucoup de succès, au moyen de petits bateaux nommés nagerets, qui servent à approcher les troupes d'oiseaux d'eau. Peut-être MM. les Préfets ont-ils eu en vue surtout l'intérêt des locataires de la chasse et de la pêche. Quoiqu'il en soit, nous ne laisserons pas échapper cette occasion d'émettre le vœu que cette chasse soit suspendue au moins pendant les trois mois du printemps.

Soumise à des restrictions convenablement réglées, la chasse au marais est peu susceptible d'inconvénients. Les chasseurs la recherchent parce que le gibier n'y manque jamais absolument, et qu'ils y trouvent beaucoup d'occasions d'exercer leur adresse. Qu'on leur concède quelques semaines de cette chasse, pendant l'été, dans le temps de prohibition générale, ce sera un dédommagement aux entraves que la loi nouvelle impose. L'ancienne législation était moins libérale à l'égard de la chasse du gibier d'eau : elle ne la permettait, en dehors du temps ordinaire, que sur les étangs, fleuves et rivières, tandis qu'aujourd'hui cette concession peut s'étendre aux marais. Pourquoi reproduire sans utilité des restrictions abandonnées par la loi nouvelle, surtout au moment où l'intérêt de l'agriculture et de la reproduction des espèces d'animaux, forcera, nous le croyons, à limiter de plus en plus le temps ordinaire de la chasse.

§ IV. *Destruction des animaux malfaisants et nuisibles.*

Les règles qui sont établies pour la destruction des animaux malfaisants et nuisibles, dans une loi sur la police de la chasse, ne peuvent s'appliquer indistinctement à toutes les espèces d'animaux qui causent du mal ou du dommage. Elles concernent seulement des espèces qui ont quelque rapport à l'exercice de la chasse, soit par leur nature même, soit à cause du procédé qui sert à en opérer la destruction.

Le règne animal ne renferme aucune classe d'êtres qui nuise aux productions des campagnes autant qu'un grand nombre d'insectes qui, se multipliant par myriades dans certaines années, dévorent et font périr la végétation. Cependant, la destruction des insectes nuisibles et l'échenillage n'ont rien de commun avec une loi sur la police de la chasse.

Parmi les mammifères et les oiseaux, il y a peu d'espèces auxquelles cette même loi ne soit applicable de quelque manière. Elle concerne celles qui sont ordinairement recherchées comme gibier, parce qu'elles servent à la nourriture de l'homme, et qui sont quelquefois détruites comme nuisibles parce qu'elles causent des dommages aux biens de la terre, telles que le lapin et le sanglier. Elle concerne en outre des espèces purement malfaisantes, telles que le loup, que l'on détruit par des procédés qui tiennent de la chasse proprement dite.

Certains mammifères pourront demeurer étrangers à l'application de cette loi, lorsque ces animaux ne seront pas de nature à être assimilés à un gibier, ou que les procédés servant à les détruire seront tels qu'il y aurait beaucoup de difficulté à les convertir abusivement en moyens de chasse. Les taupes, les souris, les musaraignes nous semblent pouvoir être citées comme exemples; en effet, aucun des procédés mis ordinairement en usage pour les détruire ne devient le prétexte ou l'occasion facile d'un fait de chasse.

D'après cela, nous voyons que la faculté conférée aux Préfets par la loi, à l'effet d'établir des règlements locaux pour la destruction des animaux malfaisants et nuisibles, trouve une limite dans la nature même des choses. Elle est encore limitée par le droit absolu que la loi reconnaît au propriétaire ou au fermier de repousser ou de détruire, même avec des armes à feu, les bêtes fauves qui porteraient dommage à ses propriétés.

Cette disposition finale du paragraphe qui nous occupe semble avoir été purement reproduite de la loi du 30 avril 1790; mais nous croyons que, malgré l'identité des termes, les deux lois ont chacune une portée différente.

Dans la langue de la vénerie, le terme *bêtes fauves* désigne exclusivement le cerf, le chevreuil et le daim, ainsi que leurs femelles et leurs faons. On appelle *bêtes noires* les sangliers, laies et marcassins ; *bêtes rousses* et vulgairement *bêtes puantes* les loups, renards, fouines, loutres, martres, putois, belettes.

Il nous semble que les auteurs de la loi de 1790 ont dû prendre le terme *bêtes fauves* dans sa signification restreinte. Un des premiers actes de l'Assemblée constituante avait été de satisfaire aux réclamations des cultivateurs dont les récoltes étaient livrées aux ravages du gibier des parcs et des forêts qu'ils ne pouvaient repousser sans encourir des peines très-sévères. Le célèbre décret du 4 août 1789 avait accordé à chaque propriétaire la faculté illimitée de détruire le gibier sur ses possessions. Quant à la loi du 30 avril 1790, elle fut rendue en quelque sorte d'urgence pour arrêter les désordres qui avaient été commis : son préambule même annonce qu'elle était purement provisoire : destinée seulement à régler l'exercice du droit de chasse, elle tendait, comme le décret du 4 août, à la diminution des espèces giboyeuses. L'article 15, relatif à l'expulsion et à la destruction des animaux nuisibles, n'avait en vue que ces seules espèces, en décidant que les propriétaires, possesseurs ou fermiers auraient la faculté en tout temps d'employer des filets et engins pour détruire dans leurs récoltes non closes le gibier, c'est-à-dire principalement les lapins ou lièvres qui s'y tiendraient en permanence, et qu'il serait libre au propriétaire ou au fermier de repousser, avec des armes à feu, les bêtes fauves qui se répandraient dans ses récoltes, telles que cerf, chevreuil, daim, sanglier, composant le gibier des parcs et des forêts réservé pour les grandes chasses, et que ces chasses font souvent sortir de ses retraites habituelles. Quant aux bêtes malfaisantes qui ne sont pas de nature à être réputées gibier, le législateur de 1790 ne s'en est pas occupé; peut-être considérait-il leur destruction comme un droit naturel dont la mention serait inutile et dont l'exercice ne comportait aucune restriction, ou n'était susceptible d'aucun inconvénient, surtout au moment où le droit de chasse recevait une extension illimitée; peut-être aussi s'en référait-il implicitement aux règlements antérieurs sur la louveterie ou à ceux qui seraient ultérieurement mis en vigueur.

La loi de 1844, loi définitive, a été faite en vue, non de favoriser, mais d'arrêter la diminution du gibier. Pour atteindre ce but, il a fallu qu'elle réglât, avec une précision égale, la chasse du gibier et la destruction des bêtes malfaisantes. Or, cette précision même nous semble exiger que l'on donne au terme *bêtes fauves* une acception beaucoup plus étendue que ne le comporte la langue de la vénerie.

Nous croyons d'abord que, suivant l'usage le plus général, bêtes fauves s'entend des animaux sauvages qui peuvent nuire. On a soutenu devant les tribunaux l'opinion que les oiseaux de proie qui enlèvent les volailles pouvaient être regardés comme bêtes fauves; toutefois, cette interprétation proposée à la Cour de Cassation, lui a paru trop éloignée de l'acception primitive et ordinaire, pour qu'elle ait cru devoir l'admettre (1).

Notre manière de voir trouve sa confirmation dans les travaux préparatoires de la loi, et notamment dans la discussion fort longue dont le paragraphe fut l'objet dans la séance de la Chambre des Députés du 15 février 1844. M. le Garde des Sceaux y exprima sans contradiction l'avis que, pour rendre la pensée des divers orateurs, on aurait pu substituer le terme animaux malfaisants au terme

(1) Arrêt du 5 novembre 1842.

bêtes fauves [1]. La rédaction néanmoins ne fut pas modifiée, et le 26 mars suivant, M. Franck-Carré, en présentant à la Chambre des Pairs un rapport sur le projet amendé par la Chambre des Députés, donna, à l'occasion de ce paragraphe, des explications dont il résulte que, dans sa pensée, bêtes fauves est à peu près l'équivalent d'animaux malfaisants [2]. Enfin, les commentateurs principaux de la loi s'accordent à prendre ce mot dans son acception la plus étendue qui est en même temps la plus commune [3].

Le terme *bêtes fauves* ne saurait cependant désigner tous les quadrupèdes sauvages qui peuvent être nuisibles.

Comme il s'agit de dommages causés, non pas uniquement aux récoltes, mais aux propriétés en général, il est évident, d'une part, que le loup, meurtrier des chiens et des agneaux, la loutre qui dépeuple les étangs, le renard, la fouine, le putois et la belette, terreur des basses-cours, feront partie de la catégorie des bêtes fauves avec autant de raison que le cerf, le chevreuil et le sanglier, qui s'en tiennent à dévaster les plantations et les récoltes. Mais, d'autre part, les lapins sauvages, pourtant si dévastateurs, ne seront pas réputés bêtes fauves; et cela ne tient pas simplement aux habitudes du langage : il y a selon nous une circonstance essentielle qui caractérise les bêtes fauves, c'est que leur apparition et le dommage qu'elles causent ont quelque chose de subit et d'inattendu. Ainsi, les invasions des grosses bêtes purement nuisibles,

(1) *Moniteur*, p. 329.

(2) *Moniteur*, p. 718.

(3) *Code de la police de la Chasse*, par Camusat-Busserolles, page 96. — *Manuel du Chasseur*, par Championnière, page 70. — *Législation de la Chasse*, par Berriat-Saint-Prix, page 97. — *Nouveau Code des Chasses*, par Gillon et de Villepin, page 185.

quelle qu'en soit la fréquence aux abords de certaines forêts, sont cependant des faits accidentels. Les ravages des bêtes rousses et purement malfaisantes sont toujours des surprises. Les lapins, au contraire, se tiennent en permanence dans nos récoltes ou à proximité, leurs retraites sont bien connues et leurs apparitions n'ont rien d'imprévu. Enfin, comme ils ne deviennent nuisibles que par leur grand nombre ou par la continuité de leurs dévastations, le motif d'urgence et de force majeure invoqué contre les bêtes malfaisantes dont il n'est pas possible de prévenir l'invasion inopinée, n'existe pas à leur égard.

Pour que l'application de ce paragraphe de la loi du 3 mai 1844 soit stable et uniforme, il est fort à désirer qu'une décision souveraine détermine quelle doit être, dans le langage légal, la portée du mot *bêtes fauves*, soit qu'on en veuille restreindre ou étendre l'acception selon les contrées, soit qu'on établisse une nomenclature unique appplicable à toute la France. La formation de cette nomenclature ne nous semble pas une difficulté véritable; ce serait ensuite, on le conçoit, une chose simple que d'apprécier les cas dans lesquels il y aurait eu délit à repousser ou à détruire un animal malfaisant : le tribunal, guidé par les termes généraux de la loi, n'aurait à se prononcer que sur ces deux questions : 1° l'animal fait-il partie de la catégorie des bêtes fauves? 2° le danger ou le dommage ont-ils été réels ?

Il est essentiel à observer que si le dommage consistait en une destruction de gibier, la disposition qui nous occupe ne serait pas applicable, attendu que le gibier n'est pas envisagé comme une propriété, hormis dans les héritages entièrement clos, sur lesquels ne s'exerce pas l'action de la loi.

Au surplus, la loi, en disant que le propriétaire ou

fermier pourrait employer contre les bêtes fauves, *même* les armes à feu, a autorisé implicitement l'emploi des piéges qui ne sont pas des moyens de chasse, mais des moyens spéciaux de destruction, tels que les piéges en fer destinés aux loups et aux renards.

Ce commentaire, quoiqu'un peu long, nous a paru indispensable. En effet, les divergences nombreuses que présentent les arrêtés des Préfets et les avis des Conseils généraux, relatifs à la destruction des animaux malfaisants et nuisibles dans les divers départements, attestent que ces autorités ont éprouvé quelque difficulté pour discerner le droit de défense consacré en termes généraux par la loi, d'avec le droit de destruction qui doit être réglementé par les Préfets.

Trois propositions peuvent résumer les éléments de notre doctrine :

1° Dans les propriétés qui sont closes d'une manière continue et comme l'exprime l'article 2, le droit de destruction des animaux malfaisants est illimité ;

2° Dans les propriétés non closes, il est permis en tout temps, au propriétaire ou au fermier, de repousser ou de détruire, par les moyens qui s'appliquent spécialement à cette destruction et même avec des armes à feu, les bêtes fauves, c'est-à-dire les grosses bêtes purement nuisibles des forêts et les quadrupèdes sauvages de nature carnassière et essentiellement malfaisante, dans les cas où elles porteraient dommage aux propriétés;

3° Dans toutes les autres circonstances, la destruction des animaux malfaisants et nuisibles n'aura lieu que d'après l'autorisation résultant d'un arrêté préfectoral, dans les limites de la nomenclature et selon les conditions déterminées par cet arrêté.

On ne ferait connaître qu'imparfaitement cette branche

des attributions des autorités départementales, si on ne parlait pas de la louveterie, institution qui se régit par des lois et des règlements auxquels, d'après les motifs eux-mêmes de la loi du 3 mai 1844, il n'a pas été dérogé.

La louveterie est une institution de l'ancienne monarchie. Pendant les longues guerres dont notre histoire est remplie, les loups se multipliaient tellement qu'au retour de la paix, c'était une des premières préoccupations du pouvoir royal, que de faire procéder à leur destruction. Des commissions se donnaient pour prendre les loups. Henri III (1) prescrivait aux officiers des forêts de faire assembler, dans les paroisses, trois fois l'année, un homme par feu, avec armes et chiens, pour chasser ces animaux. Des sergents louvetiers avaient été spécialement institués dans les forêts. Le nombre des loups s'étant extrêmement accru pendant les guerres civiles qui précédèrent l'avènement de Henri IV, ce roi enjoignit (2) aux seigneurs hauts-justiciers et seigneurs de fiefs de faire assembler, de trois en trois mois, et même plus souvent, leurs paysans et rentiers, pour chasser avec chiens et armes, les loups, renards, blaireaux, loutres et autres bêtes nuisibles.

La louveterie était une véritable nécessité sociale, dans un temps où la chasse demeurait interdite à quiconque ne tenait pas de sa naissance, ou de son fief, le droit de s'y livrer. Telle était la rigueur de cette interdiction, qu'il avait paru utile, en 1560 (3), d'accorder expressément aux sujets du roi, la faculté de chasser de leurs terres, à cris et jets de pierres, toutes bêtes rousses et noires qu'*ils trouveraient en dommage, sans toutefois les offenser*, et que, même en 1785, le règlement général pour les

(1) Edit de janvier 1583.

(2) Edit général de juin 1601, art. 6.

(3) Ordonnance d'Orléans de janvier 1560, art. 137.

chasses aux loups [1] défendit à toutes personnes, autres que les officiers de louveterie ou seigneurs hauts-justiciers, de chasser aux loups, louves, blaireaux et autres bêtes nuisibles, sous peine de confiscation du fusil, ainsi que des filets et engins, et de cinq cents livres d'amende. Puisqu'il était interdit aux roturiers et paysans de se défendre par eux-mêmes contre les animaux malfaisants, il fallait que la louveterie les protégeât. Le règlement de 1785, en confirmant la création, beaucoup plus ancienne, du grand louvetier, et des lieutenants et sergents de louveterie, donna les règles à observer pour les battues, établit en principe que la permission de l'intendant et la surveillance des agents forestiers seraient nécessaires, enfin détermina l'obligation à laquelle seraient astreints, sous des peines, les habitants des campagnes, de se rendre aux battues régulièrement autorisées, et d'y marcher sous les ordres des officiers de louveterie.

Les loups s'étant multipliés pendant la Révolution, le gouvernement du Directoire remit en vigueur une partie de ces prescriptions [2]. Il enjoignit aux administrations départementales de faire procéder à des chasses ou battues périodiques, sous la direction des agents forestiers. Les particuliers qui avaient des équipages et autres moyens pour ces chasses, eurent la permission de s'y livrer sous la surveillance de ces agents. En même temps, par l'institution des primes qui a été maintenue, les habitants des campagnes furent encouragés à tendre des piéges.

L'Empire, en créant la dignité de grand veneur, plaça la louveterie dans ses attributions. Un règlement spécial fixa l'organisation de la louveterie et détermina les obligations des lieutenants.

(1) 15 janvier 1785.

(2) Arrêté du 19 pluviôse an V. — Loi du 10 messidor an V.

Bien que ce règlement, confirmé par deux ordonnances du 15 août 1814 et du 24 juillet 1832, soit toujours en vigueur, la louveterie nous semble éprouver, surtout depuis quelques années, une décadence sensible dont la diminution du nombre des animaux malfaisants, est la principale, mais non pas l'unique cause.

La décomposition des domaines territoriaux, le morcellement croissant des propriétés constituent un état de choses également défavorable à la louveterie et aux grandes chasses. Autrefois les chasseurs suivaient la bête dans tout le ressort des terres qui, sans appartenir au seigneur, relevaient de la seigneurie. De notre temps, le législateur s'est borné à énoncer que le passage des chiens courants sur l'héritage d'autrui, pourra ne pas être considéré comme un délit de chasse, lorsque ces chiens seront à la suite d'un gibier lancé sur la propriété de leur maître, mais le chasseur est tenu de s'arrêter là où finit son droit de chasse.

Le règlement de 1814, prenant en considération que la chasse du loup, qui doit occuper principalement les lieutenants de louveterie, ne fournit pas toujours l'occasion de tenir les chiens en haleine, avait accordé à ces officiers de pouvoir chasser à courre, deux fois par mois, dans les forêts de l'Etat, faisant partie de leur arrondissement, le chevreuil brocard, le sanglier et le lièvre. Le plus souvent, ils étaient assimilés à ceux qui avaient des permissions, et ils chassaient tous les jours pendant la saison. C'était la juste compensation des sacrifices auxquels les astreint l'obligation d'entretenir un équipage de chasse de quatorze chiens au moins.

Depuis que la loi de finances du 21 avril 1832 a prescrit d'affermer le droit de chasse dans les forêts de 'Etat, il a fallu restreindre ces priviléges pour ne pas atténuer la valeur des locations. L'ordonnance du 24 juillet 1832 a réduit le droit de chasse à courre des lieutenants de louveterie au sanglier, qui ne peut même être tiré que dans le cas où il fera tête aux chiens. Enfin, l'ordonnance du 20 juin 1845 sur la mise en ferme du droit de chasse dans les forêts de l'Etat porte expressément que le droit attribué aux lieutenants de louveterie dans ces forêts ne pourra être exercé que pendant le temps où la chasse est permise.

Tant d'entraves et d'obstacles ont dû nécessairement amoindrir l'institution de la louveterie.

Nous induisons de ces considérations qu'au moment où la chasse est soumise à de nouvelles entraves et où la plupart des animaux vont se multiplier avec abondance, la loi et l'administration ont l'obligation d'assurer à tous les citoyens la faculté de se défendre contre ceux qui peuvent leur causer dommage.

Et les règlements à cet égard doivent être conçus de telle sorte que le petit propriétaire et le cultivateur auxquels l'élévation du prix du permis interdit, en quelque sorte, la chasse proprement dite, puissent, dans toutes les occasions où ils en éprouveront le besoin, exercer avec sécurité le droit de destruction.

Nous croyons avoir suffisamment établi en quoi consiste le droit de défense consacré par la loi en termes généraux. C'est la répression d'un dommage actuel ou imminent.

Quant aux moyens de prévenir les dommages éventuels, il appartient aux préfets de les régler sur l'avis des conseils généraux. C'est une œuvre de prévoyance. Les arrêtés préfectoraux désigneront certains animaux comme malfaisants, par le seul motif qu'ils causent du dommage au gibier, et ils feront considérer comme nuisibles ceux qui ne deviennent redoutables que par leur grande multiplication. Quant aux oiseaux de rapine qui ne peuvent être assimilés à des bêtes fauves, on n'aura la faculté de les détruire qu'en vertu de ces mêmes arrêtés.

Il doit être bien entendu que le droit de défense contre les bêtes fauves est subordonné à une seule condition, l'aggression de ces bêtes, et que le droit de destruction ne s'exerce légalement, en général, que sous des conditions de temps, de lieu, de mode et d'autorisations spéciales.

Nous allons entrer maintenant dans quelques détails sur cette partie de l'exécution de la loi, en mettant à profit les résultats d'un examen attentif des avis des conseils généraux de département et des arrêtés préfectoraux.

La nomenclature des animaux malfaisants et nuisibles se divise naturellement en deux catégories : quadrupèdes, oiseaux.

Quadrupèdes. On s'est abstenu, à peu près universellement, de comprendre dans la nomenclature des arrêtés, le cerf, le chevreuil, le daim, sans doute parce que la disposition finale du paragraphe ne laisse aucune équivoque relativement à la faculté de repousser ou de détruire ces bêtes quand elles deviennent nuisibles.

Loups. L'énumération commence naturellement par ces quadrupèdes qui sont les plus redoutables de tous par leur force et par leur voracité. On sait qu'ils font la guerre à tout le bétail, moutons, chèvres, bêtes à cornes, porcs, ânes, chevaux; ils égorgent les chiens, enlèvent les oies domestiques et les volailles, et détruisent quantité de bêtes sauvages, biches, faons et chevreuils; leur rencontre n'est pas toujours sans danger pour les enfants ou même pour les hommes.

Il serait à désirer que cette espèce malfaisante fût entièrement anéantie en France comme elle l'a été en Angleterre. Mais on ne réussit que rarement à prendre ou à détruire les vieux loups qui sont extrêmement méfiants et rusés. Ils éventent presque toujours les piéges, et d'ailleurs n'y donnent à peu près exclusivement que dans les hivers très-rigoureux. La plupart de ces piéges sont dangereux pour les hommes et pour les animaux domestiques, notamment pour les chiens. Il n'est pas bien démontré que les fosses à loups soient utiles : du moins on y a trouvé des animaux domestiques ou même des hommes aussi fréquemment que des loups. Les traquenards bien amorcés, ainsi que les hameçons, s'emploient, dit-on, quelquefois avec succès; mais les chiens, moins méfiants que les loups, s'y prennent plus facilement encore. On se sert beaucoup, dans quelques provinces boisées de la France, du tour à loup, piége simple et qui n'offre aucun danger.

L'empoisonnement est le moyen que l'on a le plus recommandé [1]; on assure que le cadavre d'un chien peut servir d'appât sans inconvénient, parce que le chien, quoique fort avide de chair, ne mange jamais de celle du chien.

Ce qu'il y a de mieux à faire pour la destruction des loups, c'est de rechercher les louveteaux pendant qu'ils sont cantonnés en famille, c'est-à-dire, depuis le 15 juillet jusque vers le commencement de septembre, époque à laquelle ils se dispersent dans les forts. La capture des louveteaux diminue d'abord les ravages que commande le besoin de nourriture quotidienne d'une famille aussi vorace, et, pourvu qu'ensuite de temps à autre on tue quelques vieux loups, l'espèce diminue sensiblement.

Pour prendre les louveteaux, il faut faire une chasse ou battue, opération qui doit être dirigée par les lieutenants de louveterie.

[1] Circulaire du Ministre de l'intérieur, du 9 juillet 1818.

La louveterie dont nous n'avons pu dissimuler la décadence, n'en est pas moins destinée à rendre longtemps de notables services. Les obligations imposées à ses officiers par leur règlement sont encore nombreuses : rechercher avec grand soin les portées de louves, ne rien négliger pour découvrir et détruire les louveteaux; et quant aux loups adultes, les entourer afin de les tirer au lancé sans penser jamais à les détruire en les forçant. On voit que ce règlement ne justifie pas le reproche adressé quelquefois à la louveterie d'épargner volontairement le louveteau en juillet, afin que le louvart puisse, en novembre, servir aux plaisirs et aux émotions d'une grande chasse.

C'est aux officiers de louveterie qu'il appartient de commander et de diriger les battues. Les opérations exigent un chef unique et des troupes formées à ce genre de tactique. Aussi les grandes battues, c'est-à-dire celles qui sont obligatoires pour les habitants des campagnes, indépendamment de ce qu'elles ont, aux yeux des habitants, le caractère d'une corvée, offrent toujours plus ou moins d'inconvénients; rarement elles amènent la destruction des bêtes malfaisantes, elles ne font que les expulser de la contrée. M. le Préfet de la Haute-Vienne a cru préférable d'autoriser les lieutenants de louveterie à chasser en tout temps les loups avec des armes à feu, dérogation au droit commun que pourra justifier une propagation très-grande de ces animaux.

Généralement les chasseurs regardent les petites battues comme plus efficaces que les grandes. On entend par petites battues celles qui ne sont pas obligatoires et qui, dans les cas d'apparitions subites de loups ou de sangliers en grande quantité, sont faites par un petit nombre d'hommes de bonne volonté que les lieutenants de louveterie trouvent toujours lorsqu'il y a eu des dégâts.

RENARDS. On les a placés généralement à la suite des loups dans la liste des animaux malfaisants.

Le renard est surtout renommé par ses dévastations des basses-cours ; mais il est également grand destructeur de gibier, au point que les chasseurs n'évaluent pas à moins de 250 ou 300 pièces, année commune, la destruction qu'un seul renard peut faire, dans un canton giboyeux, de perdrix, cailles, faisans, levrauts, lapereaux, jeunes poules d'eau, jeunes canards : ravages que ne compense pas la destruction d'un grand nombre de mulots et de campagnols dont il fait également sa nourriture.

Il existe un piége spécial connu sous le nom de piége à renard ; mais il faut bien des précautions pour y prendre les vieux renards, dont la méfiance est extrême. Les mèches souffrées réussissent fort bien à les enfumer dans les terriers qui n'ont qu'une gueule isolée; mais, dans les grands terriers, la fumée pénètre rarement jusqu'au fond. L'empoisonnement offre de grands dangers pour les chiens.

Le moyen le plus simple, le plus naturel, en même temps le plus familier aux habitants de la campagne, et qui peut s'appliquer également à diverses espèces d'animaux malfaisants, c'est la fouille des terriers. Une visite générale des terriers en mai et en juin, époque où se font les portées, amènera la destruction d'un grand nombre de renards et de renardeaux. Cette recherche peut même être utilement commencée dès le mois de février, parce qu'alors on trouve plus facilement les terriers. D'ailleurs le seul abus que ce genre de chasse pourrait entraîner, ce serait de favoriser la capture des lapins au lieu de celle des renards, abus qui ne serait pas très-grave, attendu que les lapins sont eux-mêmes comptés au nombre des animaux les plus nuisibles à l'agriculture.

Blaireaux. Si ces animaux ont été généralement placés au nombre des plus malfaisants, il semble que ce soit une tradition des anciens règlements qui les ont de tout temps mentionnés comme tels. Les blaireaux multiplient peu et ne sont pas susceptibles d'exercer beaucoup de ravages. Ils attaquent, dit-on, les lapereaux qu'ils déterrent dans les rabouillères ou terriers des hases, et dévorent les perdrix au nid avec leurs œufs; mais en même temps ils détruisent nombre de campagnols, rats, mulots, taupes et de guêpes, scarabées, hannetons et limaçons : le plus généralement, ils se nourrissent de fruits sauvages, et peut-être faudrait-il les regarder plutôt comme utiles que comme nuisibles : car les dégâts les plus importants qu'ils fassent se bornent à consommer des raisins et à dévaster les semis de glands et de faines.

On place des traquenards et des collets à l'entrée des terriers de blaireaux. Il suffit, dit-on, pour en expulser un du pays où il s'est fixé, de l'inquiéter et enfumer plusieurs jours consécutifs dans sa retraite. La faculté qu'on a de le prendre de jour au moyen de tranchées, constitue pour le blaireau, comme pour le renard, un mode de destruction praticable en tout temps et sans inconvénient.

Loutres. Ces animaux amphibies causent plus de dommages que les blaireaux. On a dit de la loutre qu'elle est le loup des rivières et surtout des étangs où elle fait des pêches désastreuses : elle y détruit une immense quantité de poissons, jusqu'à 100 ou 150 carpes dans une année, sans préjudice des écrevisses, truites et petits poissons qu'elle prend le long des petites rivières; elle chasse aussi les rats d'eau et les oiseaux aquatiques; souvent elle endommage beaucoup, en plongeant, les filets des pêcheurs. C'est un des animaux sans contredit des plus nuisibles que l'on connaisse.

On tend aux loutres des piéges sur le bord des eaux. La fouille de leurs terriers est aussi un des moyens les mieux éprouvés.

Fouines, Putois, Belettes. Nous trouvons généralement ces animaux à la suite des renards et des blaireaux, dans les nomenclatures des animaux malfaisants.

La fouine est assez répandue; elle s'écarte peu des habitations; elle dévaste les clapiers et les poulaillers. Quand cette sorte de pillage lui est interdite, elle va saisir au gîte le lièvre et le lapin, et s'empare des perdrix et des petits oiseaux; parfois elle se rabat sur les reptiles, et, dans la saison des fruits, elle pille pommes, poires, prunes, cerises, raisins et baies de diverses natures.

Le putois se rencontre à la fois dans les greniers et dans les champs; il préfère cependant les lieux fréquentés. Il est, par son naturel sanguinaire, la terreur des poulaillers et des garennes.

La belette bouleverse, dans les fermes, les nids de poules, de pintades, de canards, et dans les champs ceux des perdrix et des petits oiseaux, pour en sucer les œufs; elle égorge encore les jeunes levrauts et lapereaux.

Ces animaux ont une habitude qui leur est commune, c'est de mettre à mort toute la volaille et tout le gibier qu'ils ont surpris; ils se plaisent au milieu de cadavres nombreux, dont un seul assouvit leur faim.

C'est dans les propriétés closes qu'ils se rendent le plus nuisibles. Le propriétaire ou le fermier peut donc toujours employer, pour les détruire, au milieu de ses greniers, granges, colombiers, basses-cours, l'affût qui est le plus sûr de tous les moyens. Son droit à cet égard est consacré tout à la fois par l'article 2, qui autorise la chasse en tout temps dans les propriétés closes, et par l'article 9, qui consacre le droit de défense en cas de dommage.

Nous croyons qu'il y a lieu d'approuver une disposition qui se trouve dans plusieurs arrêtés préfectoraux, et dont l'objet est de permettre l'affût contre ces mêmes bêtes aux alentours des habitations, c'est-à-dire dans un rayon de cinquante mètres environ.

Les trébuchets-souricières et les assommoirs réussissent en général contre les animaux carnassiers des petites espèces; mais ces derniers piéges offrent toujours du danger pour les chiens, à cause de l'appât qu'il faut y attacher.

Martres, Chats sauvages. La martre est moins commune que la fouine et elle est beaucoup moins redoutée, parce qu'elle n'habite que les bois; mais elle y sévit sur toutes les espèces de petit gibier. Le chat sauvage et le chat domestique devenu errant sont également des braconniers fort nuisibles : petits oiseaux, merles, perdrix, cailles, levrauts périssent sous leurs griffes en grande quantités.

Les traquenards et les collets peuvent servir à prendre ces bêtes; mais l'abus, à raison des lieux, est tellement voisin de l'usage, qu'il a été généralement reconnu impossible d'autoriser ces moyens.

Sangliers. Antérieurement à la loi, il a été reconnu que le sanglier ne doit être considéré comme animal nuisible, que lorsqu'il s'est tellement multiplié que sa destruction importe à la généralité des citoyens (1). Le droit de le déclarer tel appartenait dès-lors au préfet, comme il lui appartient aujourd'hui. On se plaint de ses ravages dans les départements du nord de la France beaucoup plus

(1) Arrêt de Cassation, du 29 mai 1843.

que dans ceux du midi, si ce n'est en Corse, où il existe une race de petite taille qui devient, par sa multiplication, la plus nuisible de toutes les espèces d'animaux de ce pays.

Les sangliers ne se plaisent pas généralement dans les forêts qui sont situées en montagnes ; ils affectionnent les grands bois entrecoupés de marais, de prairies et de champs cultivés. Des herbes, des champignons, diverses espèces de fruits, tels que châtaignes, faines, noisettes, glands, des vers de terre, surtout les racines de carottes sauvages, quelquefois des levrauts, lapereaux et jeunes faons composent leur nourriture de forêt. En été, ils s'approchent des lisières et vont ravager de nuit les blés, seigles et avoines, fèves et pois; en automne, ils donnent aux champs de pommes de terre, de sarrasins, de betteraves, où ils détruisent en fouillant la terre plus qu'ils ne consomment; ils dévastent aussi les arbres à fruits et principalement les vignes, goûtant beaucoup plus d'objets qu'ils n'en mangent. Ces animaux font, en automne et en hiver, réunis par bandes, des voyages quelquefois éloignés. C'est ainsi qu'ils paraissent d'une manière inopinée. On assure que ces sortes d'irruptions ont lieu fréquemment dans les Ardennes, dans quelques parties de la Moselle, aux environs de la forêt de Haguenau, dans le Bas-Rhin, au voisinage de la Hart, dans le Haut-Rhin, dans quelques localités du Cantal. Elles causent toujours aux cultivateurs de vives inquiétudes ; car c'est à la veille des moissons que les sangliers viennent ravager les champs, et comme ils n'y viennent que de nuit, la surveillance qu'ils rendent nécessaire aggrave beaucoup la fatigue du jour. Aussi, parmi les services que les lieutenants de louveterie peuvent rendre aux habitants des campagnes, il n'y en a pas qui soient plus généralement appréciés que la destruction de ces animaux dévastateurs, au moment où ils exercent leurs ravages. Pour détruire ou repousser les bandes de sangliers, on fait des battues de plusieurs chasseurs, avec chiens et armes à feu.

Les cahiers des charges des locations de la chasse dans les forêts de l'État, ont déclaré les adjudicataires responsables des dommages que pourraient causer aux propriétés riveraines des forêts affermées, les sangliers, ainsi que les autres animaux qui ravagent les récoltes. Il en est résulté que, depuis quinze ans, les sangliers ont disparu totalement de plusieurs forêts, dans lesquelles ils se trouvaient autrefois en abondance.

Ours. Ces animaux ne sont à craindre que dans quelques cantons des Alpes et des Pyrénées, les seules parties de la France où ils existent encore.

Vers le temps de la maturité des récoltes, ils descendent sur les coteaux et dans les vallées et se répandent, pendant la nuit, sur les terres ensemencées, où ils font beaucoup plus de dégâts que les sangliers, surtout dans les avoines, les sarrasins et les maïs et même dans les vignes.

On ne peut les chasser qu'au fusil et au moyen de battues analogues à celles qui se font pour les loups.

Chiens enragés ou errants. Une dizaine de préfets ont cru devoir porter le chien enragé ou errant dans leur nomenclature. Ce n'est pas, à la vérité, une bête fauve. Mais si le législateur a autorisé d'une manière absolue la défense des récoltes contre les bêtes fauves, à plus forte raison n'a-t-il pu mettre aucune restriction à la destruction de tout animal féroce qui menace la vie des personnes.

La mention du chien enragé dans la nomenclature des animaux malfaisants nous semble donc superflue.

Rats d'eau. Nous les trouvons dans quelques nomenclatures. Le rat d'eau est, sans aucun doute, extrêmement nuisible; il détruit le frai des poissons d'étang et fait la chasse aux oiseaux d'eau, dont il mange les œufs : il est surtout redoutable en ce qu'il endommage les digues par les trous qu'il y creuse.

Ce n'est pas un gibier, et l'assommoir-quatre de chiffre, le plus simple de ces sortes de piéges, qu'on emploie à sa destruction, n'est pas un instrument de chasse. Si néanmoins leur nombre, s'étant multiplié dans une localité, exigeait l'usage de moyens analogues à ceux qu'emploie la chasse, il est certain que cette sorte de chasse pourra être prévue et réglementée par l'arrêté préfectoral.

Lapins. Cet animal, purement herbivore et frugivore, a été inscrit par une trentaine de départements dans la catégorie des animaux malfaisants et nuisibles, à la suite des divers quadrupèdes plus ou moins carnassiers qui composent principalement cette catégorie.

Ces départements appartiennent en majeure partie au nord de la France (1). C'est en effet dans les pays les plus boisés et les plus cultivés que les lapins causent le plus de dommages. Réunis ordinairement par bandes, ils mettent en coupes réglées les récoltes qui avoisinent les bois, au point de ne laisser aucun produit au cultivateur : herbes et fruits de toute nature; plantes légumineuses, tels que pois et vesces; racines, telles que pommes de terre, carottes et navets, ils les dévorent en les gaspillant. Pendant l'hiver, ils rongent l'écorce des arbres, mettent en pièces les jeunes rejetons et semis, surtout ceux des arbres

(1) Nord, Aisne, Pas-de-Calais, Somme, Seine-Inférieure, Seine, Seine-et-Marne, Meuse, Marne, Aube, Haute-Marne, Yonne, Eure, Eure-et-Loir, Loiret, Loir-et-Cher, Indre, Indre-et-Loire, Orne, Ille-et-Vilaine, Vendée, Mayenne, Sarthe.

fruitiers, et détruisent impitoyablement les plants de vignes. Il paraît que ces rongeurs sont moins nombreux et moins redoutés dans le midi que dans le nord de la France. La végétation y étant en effet moins abondante, leur offre moins de refuges; puis il a fallu, dans tous les pays de vignobles, renoncer à entretenir des garennes ouvertes. Néanmoins, on impute aux lapins la destruction d'un grand nombre de jeunes bois sur les flancs des montagnes de la Provence.

Le principe du mal est dans la fécondité de cette espèce, fécondité telle que chaque femelle fait par année cinq ou six portées, contenant environ six lapereaux, qui sont eux-mêmes, au bout de cinq ou six mois, en état d'engendrer. Strabon (1), dans sa description de l'Espagne ancienne, nous apprend que, de toutes les espèces nuisibles, celle du lapin était celle qui se multipliait le plus dans ce pays. D'après le témoignage de Pline (2), les lapins causaient des famines dans les îles Majorque et Minorque par le ravage des moissons. Il raconte, ainsi que Strabon, que les habitants de ces îles, qui, par un scrupule religieux commun à plusieurs races antiques, s'abstenaient de tuer ces animaux, demandèrent à l'empereur Auguste un secours de troupes romaines pour mettre obstacle à leur multiplication. L'ordonnance sur les eaux et forêts, rendue par Louis XIV en août 1669, atteste les désastres que les lapins causaient alors dans les forêts. Elle prescrit en effet, titre XXX, article 2, aux officiers des chasses, de faire dans les six mois fouiller et renverser tous les terriers et de prendre les lapins avec furets et poches. Mais il paraît que cette prescription ne fut pas bien observée, et les dommages qui s'ensuivirent devinrent tels,

(1) Géographie, livre III.
(2) Liv. VIII, Chap. 55.

que le roi Louis XVI en fut particulièrement frappé. C'était à l'époque des grandes réformes économiques et administratives par lesquelles le célèbre ministre Turgot cherchait à inaugurer le nouveau règne. Louis XVI voulut que des mesures fussent prises à l'effet d'arrêter la multiplication des lapins. Ce fut lui qui conçut le projet d'un arrêt du Conseil d'Etat, rendu sur ce sujet à la date du 21 janvier 1776 [1]. Il en fit la rédaction, en écrivit la minute de sa main, et se fit un plaisir de la montrer à son ministre en lui disant : « Vous croyez que je ne travaille pas de mon côté! »

Suivant le préambule de cet arrêt, l'extrême multiplication des lapins, dans les forêts royales, occasionnait des dommages immenses sur les terres environnantes, au point que les propriétaires de ces terres étaient dans l'alternative ou de les laisser entièrement incultes ou de voir leurs moissons dévastées, de manière à demander, sur le montant de leurs impositions, des remises toujours inférieures aux dégâts, et qu'on ne pouvait cependant leur refuser. Ce fléau de l'agriculture n'était pas borné seulement aux lisières des forêts royales et des grands bois; des bois d'une étendue médiocre, situés au milieu des plaines, et même les remises plantées pour la conservation du gibier dans plusieurs bois des capitaineries royales, étaient pareillement peuplés de lapins qui occasionnaient les mêmes dommages.

Voici ce que prescrivit l'arrêt du 21 janvier 1776 :

Les habitants des villages et communautés situés dans l'étendue des capitaineries, dont les récoltes auraient été ravagées par les lapins, furent invités à faire constater ces dégâts. Après vérification de l'état des choses par un

[1] Cet arrêt se trouve dans les OEuvres de Turgot, édit. de 1844, t. II, p. 234.

commissaire de l'intendant, le syndic de la communauté devait être autorisé à demander aux officiers de la capitainerie la permission, qui ne pouvait lui être refusée, de se transporter dans le canton avec nombre suffisant de batteurs et d'ouvriers, pour procéder au renversement des terriers et à la destruction des lapins, en présence des gardes de la capitainerie et des particuliers propriétaires de bois dans le ressort de chacune.

Il fut en outre enjoint aux officiers des chasses royales de faire procéder à la destruction totale des lapins dans les capitaineries, dans les plaines, dans les vignes, dans les remises et même dans les bois isolés. Il fut enfin permis aux propriétaires des terres et bois où étaient les terriers et à ceux des terres adjacentes, de procéder à leur entière destruction, sans même être tenus de justifier qu'il y ait eu dégât notable, et sauf à prendre préalablement la permission, qui ne pourrait leur être refusée, des officiers de la capitainerie, et à ne procéder qu'en présence des gardes.

La multiplication des lapins ne pouvait pas devenir bien redoutable sous l'empire de la loi de 1790, qui accordait une faculté si étendue de détruire le gibier dans les récoltes. Les braconniers de nuit, les chasseurs à l'affût, les gens faisant métier de fureter y mettaient bon ordre. Cependant les cahiers des charges de la location des chasses dans les forêts de l'Etat, reproduisaient les prescriptions de l'ordonnance de 1669, pour la destruction des lapins.

Il est vrai que le nouveau cahier des charges (1) ne maintient pas cette disposition en termes aussi formels. Ces animaux forment le peuplement exclusif de certaines forêts, et l'administration a craint de s'interdire la pos-

(1) Approuvé par M. le Ministre des finances, le 21 juillet 1845.

sibilité d'en louer la chasse. Néanmoins, dans les cas les plus ordinaires, les adjudicataires sont tenus de détruire les lapins, et ils demeurent responsables, tant vis-à-vis de l'Etat qu'à l'égard des riverains, des dommages résultant de la trop grande multiplication de ces animaux.

Il est établi en jurisprudence que les propriétaires de garennes sont responsables des dégâts causés par les lapins aux propriétés voisines, lorsqu'ils ont négligé de les détruire, ou qu'ils n'ont pas donné, à cet égard, permission aux voisins [1]; et même le propriétaire de bois qui a laissé dans ces bois les lapins se multiplier et se former des terriers, est responsable des dégâts commis par ces animaux sur les récoltes voisines, lorsqu'il n'a point employé les moyens suffisants pour leur destruction, ou n'a pas mis en demeure les propriétaires voisins de l'opérer eux-mêmes [2].

Si l'on entend dans un sens trop restreint la loi de 1844, il pourra s'ensuivre de graves inconvénients pendant l'époque de l'interdiction générale de la chasse. Six à sept mois suffisent pour faire multiplier considérablement les lapins. Or, le propriétaire des lapins dévastateurs, s'il les chasse ou les détruit, enfreindra la loi et s'exposera à des poursuites correctionnelles; s'il ne les détruit pas, il se verra exposé à des actions civiles.

Cependant le cultivateur qui a quelque expérience des affaires litigieuses, et de leurs complications, hésitera le plus souvent à intenter une semblable action. Assignations, interlocutoires, rapports d'experts, jugement, appel, nouvelles preuves, arrêts, frais d'avoués, plaidoiries d'avocats, deux ans perdus et déplacements à l'infini,

(1) Arrêt de Cassation, du 13 janvier 1829.

(2) Arrêt du 31 décembre 1844.

pour obtenir une somme toujours inférieure au préjudice : tels sont, en aperçu, les mécomptes et les dégoûts qui l'attendent.

Ce sera donc pourvoir aux intérêts de toutes les parties que de donner aux propriétaires et aux cultivateurs la faculté de détruire les lapins, même dans le temps où la chasse n'est pas permise.

Les furets et les bourses offrent un moyen puissant de destruction ; mais, pendant une partie de l'année, et notamment à l'époque où cette destruction est surtout opportune, c'est-à-dire lorsque les récoltes sont sur pied, les lapins ne se terrent pas et préfèrent se tenir blottis sous la feuillée; on est obligé d'employer des chiens pour les refouler vers les terriers.

Il peut même se rencontrer telles circonstances où ces moyens soient entièrement insuffisants. Un grand nombre de cultivateurs des vallées de l'Essonne et de l'Ecole [1] se sont plaints très-vivement de l'accroissement des dommages causés par les lapins, depuis la loi de 1844. Ces vallées sont environnées de chaînes de rochers où gîtent abondamment les lapins ; l'usage des bourses y est impraticable et les lapins, expulsés de leur terrier par le furet, s'évadent, à moins que les roches ne soient entièrement enveloppées par des filets.

[1] Cantons de Milly et de la Ferté-Alais (Seine-et-Oise), de Malesherbes (Loiret), de la Chapelle-la-Seine (Seine-et-Marne). Ces faits sont exposés dans une pétition à la Chambre des Députés. Un rapport, qui n'a pu être mis à l'ordre du jour de la Chambre, avait été préparé par M. Crémieux, sur cette pétition et sur vingt-trois autres qui sont à peu près de nulle importance, à l'exception d'une pétition de chasseurs marseillais qui ont demandé le rétablissement de la chasse de la caille, aux filets, exclusivement pour l'époque de leur départ, en se fondant sur des considérations entièrement conformes à celles que nous avons nous-même présentées sur ce sujet.

On doit reconnaître qu'il y aura beaucoup d'inconvénients à autoriser l'emploi du fusil contre les lapins, dans le temps où la chasse n'est pas permise : du moins l'autoriser d'une manière permanente, ce serait, nous le croyons, faciliter, d'une manière illimitée, l'exercice de la chasse. Tel a été, sur ce point, l'avis de l'administration des forêts, qui n'a permis, en aucun cas, aux fermiers de la chasse dans les forêts domaniales, d'employer l'arme à feu contre les lapins, quand bien même les arrêtés des Préfets en donneraient l'autorisation.

Si cependant on interdit le fusil d'une manière absolue, il ne restera trop souvent aux propriétaires d'autre ressource que celle des procès en indemnités, lorsque les lapins auront leurs terriers dans des bois voisins appartenant à d'autres propriétaires.

Ecureuils. Ces animaux ont été portés par quatre Conseils généraux dans les nomenclatures, à cause du tort qu'ils font aux propriétés forestières, par la consommation d'une grande quantité de graines et de semences, telles que châtaignes, noisettes, faînes, glands, surtout dans les forêts de pins, où ils coupent les rameaux pour manger les boutons des fleurs, et percent les cônes pour en tirer les semences.

L'inconvénient qui se trouve à autoriser la destruction de ces animaux dans le temps où la chasse n'est pas permise, c'est que le fusil est à peu près exclusivement le seul mode qu'on puisse y employer avec succès.

Hérissons. Le département du Jura a inscrit ces animaux dans sa nomenclature, mais probablement à tort. Le hérisson est nuisible dans les pays giboyeux, en ce qu'il dévore les œufs des oiseaux qui nichent à terre, tels que cailles, perdrix, faisans, et ces oiseaux eux-mêmes quand ils sont petits, ainsi que les lapereaux; il est friand aussi de raisins et de fruits; mais comme sa nourriture se compose le plus ordinairement de taupes, de rats, de mulots, d'escargots, de limaces, de vers de terre, de larves, de hannetons, et en général d'insectes, les agriculteurs le considèrent comme plus utile que nuisible.

Après avoir fait connaître quelles sont les espèces de quadrupèdes qui ont été, dans les diverses parties de la France, réputés malfaisants et nuisibles, il nous reste à parler des conditions auxquelles le propriétaire, possesseur ou fermier sera assujéti quant à l'exercice du droit qu'il a de les détruire.

La distinction qui nous a paru devoir être établie entre le droit, que nous avons qualifié de défense, et le droit de destruction, ne saurait être absolue et tranchée, au point qu'aucune disposition qui concernera l'un ne soit applicable à l'autre. L'exercice du droit de défense sera nécessairement subordonné aux précautions de sûreté publique, et aux restrictions d'intérêt général, que les Préfets auront consacrées par leurs arrêtés, et bien que la loi, interprétée dans un sens étroit, ne paraisse avoir laissé à ces magistrats rien à prescrire ni à déterminer relativement à l'action de repousser les bêtes fauves en cas d'attaque, nous croyons que les piéges ne pourront être, en aucun cas, régulièrement employés, même contre ces bêtes, que dans les termes et les conditions de ces arrêtés.

Le droit de défense n'appartient qu'au propriétaire ou au fermier; le droit de destruction appartient également au possesseur, c'est-à-dire à l'ayant-cause du propriétaire et qui le représente, soit par délégation spéciale, soit en vertu d'une concession expresse, soit à titre universel, par conséquent même à celui qui ne sera pourvu que de la permission de chasser.

Les mots *en tout temps* qu'a employés le législateur, signifient que la destruction des animaux malfaisants a lieu, soit dans le temps où la chasse est permise, soit dans celui où elle ne l'est pas.

Dans le temps où la chasse est permise, la destruction à tir des animaux malfaisants est un fait du droit commun en matière de chasse : l'emploi des piéges et engins est une exception à ce droit commun. Dans le temps où la chasse n'est pas permise, l'emploi de quelque moyen de destruction que ce soit est de même une exception.

Il faut que l'usage de ces exceptions se justifie, dans tous les cas, par des circonstances légitimes.

C'est d'après la notion exacte des inconvénients qui peuvent se rattacher à l'exercice du droit de destruction, que nous saurons en déterminer les conditions.

Certains moyens de capture ou de destruction sont de nature à causer du mal aux hommes et aux animaux domestiques.

La seule prévision de cette sorte de danger fera interdire d'une manière absolue les fosses à loup et les batteries d'armes à feu.

Généralement, les piéges ne devront être tendus que dans les lieux qui sont entièrement clos, au moins par des haies vives ; ils pourront l'être quelquefois dans les bois, jamais dans les terrains traversés par des chemins publics, ni dans ceux où l'on suppose que des hommes vont et viennent, ni dans les passages à découvert que présentent les bois et les haies. On ne les tendra pas avant le coucher du soleil ; on les enlèvera dès l'aube du jour. Il sera même annoncé dans les villages que des piéges ont été placés et l'on plantera aux alentours des poteaux portant cette inscription : *Piéges à loup*. Toutes les fois que les habitudes des animaux le permettront, on placera les piéges dans leur terrier à longueur de bras. Les assommoirs, excellents pour détruire les fouines, martres, belettes, putois, chats sauvages, mais dangereux pour les chiens, ne seront tendus, en dehors des habitations, que dans les parcs ou au moins dans les lieux très-écartés. Quant aux appâts empoisonnés, on donnera avis aux chasseurs des lieux où on les aura placés, afin que ceux-ci en écartent leurs chiens.

Un autre inconvénient à éviter et qui touche plutôt à l'intérêt général qu'aux intérêts privés, c'est que les moyens de destruction pourraient se convertir en moyens de chasse, de telle sorte que des permissions accordées au propriétaire ou au fermier pour débarrasser la contrée d'un fléau, serviraient au braconnier pour éluder sans péril la loi.

Le fusil, les chiens, les filets ou collets sont les principaux moyens de destruction qui peuvent se convertir éventuellement en moyens de chasse.

Nous croyons qu'en principe, l'usage des armes à feu devrait être limité au cas de défense, c'est-à-dire au besoin de repousser les animaux qui viennent ravager les récoltes, attaquer les troupeaux ou enlever les animaux domestiques.

Quoique l'affût soit un excellent moyen de destruction d'un grand nombre d'animaux malfaisants, tels que renards, fouines, putois, chats sauvages, on ne saurait le permettre loin des lieux clos : les braconniers en abuseraient trop aisément.

Et néanmoins pour certains pays, la destruction des animaux malfaisants peut offrir un intérêt plus important que celui de la conservation du gibier. Ainsi, nous concevons que dans les Alpes et les Pyrénées, là où se trouvent en grand nombre les quadrupèdes féroces et les oi-

oiseaux de proie redoutables, l'on autorise l'emploi des armes à feu en tous temps et en tous lieux, contre ces animaux, et quels que soient d'ailleurs les abus qui puissent en résulter.

Quant aux chiens, il nous semble qu'on ne devra en autoriser l'usage pour la destruction des animaux malfaisants que dans le plus petit nombre de cas. Les chiens courants, dans les campagnes, dévasteraient les récoltes : il ne sera possible de les employer que dans les forêts contre le loup ou le sanglier.

Les chiens terriers offrent moins d'inconvénients ; ils peuvent servir et même être indispensables pour la destruction des renards, blaireaux, loutres et lapins.

Les collets ne seront permis que dans les habitations et les lieux clos pour la destruction des fouines, putois ou belettes ; les filets en général seront de même interdits.

C'est pour prévenir, autant que possible, les atteintes à la sûreté publique ou les abus relatifs à l'exercice de la chasse, qu'il a paru indispensable, dans beaucoup de départements, de subordonner l'emploi des moyens de destruction à des autorisations particulières.

On distinguera entre les différents procédés.

Quelques-uns d'un usage permanent et non susceptibles d'inconvénients, tels que, par exemple, les trébuchets, souricières, seront autorisés d'une manière générale par les arrêtés préfectoraux.

Pour employer, en dehors des habitations, les piéges traquenards en fer contre les animaux carnassiers des petites espèces, on sera tenu d'en faire la déclaration à l'autorité municipale.

Quant aux piéges de plus grande dimension pour loups ou renards, ainsi qu'aux appâts empoisonnés, on devra préalablement obtenir de cette autorité une permission par écrit dans laquelle les précautions indispensables seront prescrites.

Les grandes battues doivent être toujours autorisées par arrêté spécial du Préfet. L'usage du fusil y est nécessairement admis. Il n'y a lieu à autoriser ces mesures que lorsque la multiplication des animaux malfaisants a été constatée par enquête ou notoriété. Et comme le désordre est l'inconvénient le plus à craindre dans ces battues, certaines précautions devront être prises : l'arrêté déterminera le nombre des chasseurs, il donnera même leurs noms, il indiquera le lieu, le jour, l'heure et les espèces d'animaux qu'on veut détruire. La gendarmerie, les agents des administrations forestières seront préalablement prévenus.

Les petites battues pourront, dans les cas d'extrême urgence, être autorisées par le Maire, sous l'expresse condition d'en prévenir sur le champ le Sous-Préfet, la gendarmerie et les agents forestiers.

Il nous semble que la destruction des lapins au moyen de furets et de bourses, sans chiens, ou par l'affouillement des terriers, doit être autorisée en tout temps ; mais l'emploi des autres moyens, tels que chiens et fusil, sera nécessairement l'objet d'une autorisation spéciale et limitée. Il y aura vérification des faits, l'autorisation sera donnée à jour déterminé, et les divers agents chargés de la police rurale seront invités à porter sur les lieux leur surveillance.

Des formalités analogues seront indispensables dans les cas où l'on voudra procéder avec chiens et fusil à la destruction des renards, blaireaux et loutres.

Oiseaux réputés malfaisants ou nuisibles. Les oiseaux que l'on peut regarder comme malfaisants appartiennent principalement à l'ordre des rapaces auxquels s'applique la dénomination vulgaire et plus étendue d'oiseaux de proie ou de rapine.

Près de la moitié des Conseils généraux des départements et des Préfets ont désigné comme malfaisants et permis de détruire indistinctement toutes les espèces d'oiseaux de proie. Nous croyons et nous nous proposons d'établir que cette désignation est beaucoup trop large.

On a cru devoir, dans la plupart des autres départements, faire les désignations en termes spéciaux. Cinq départements du midi mentionnent le vautour et l'aigle. On trouve plus fréquemment désignés le milan, la buse, l'épervier ou tiercelet, le faucon, le grand-duc. Les hérons ont été assimilés aux oiseaux de proie dans une dizaine de départements ; les pies de même dans quarante départements environ ; les geais dans une trentaine ; les pies-grièches et les piverts dans une dizaine. Les corbeaux et les corneilles figurent comme oiseaux nuisibles dans une quarantaine de nomenclatures.

Plusieurs espèces de petits oiseaux ont été assimilés aux espèces nuisibles, le moineau, en première ligne, puis les étourneaux dans plusieurs départements méridionaux, enfin même les grives et les merles, les bouvreuils, les becs-croisés et les pinsons.

Relativement aux pigeons, il a été bien entendu pendant la discussion de la loi sur la chasse, que cette loi n'abrogeait pas la loi du 4 août 1789 sur la police rurale, qui autorise les administrations municipales à faire renfermer ces oiseaux pendant le temps des semences et des moissons et tout citoyen à les tuer pendant ce même temps sur son terrain comme gibier ; mais il a été également entendu que la nouvelle loi aggrave l'ancienne législation, en ce sens que les pigeons peuvent être déclarés nuisibles par l'arrêté préfectoral, en dehors même du temps de fermeture des colombiers : ce qui n'empêche pas davantage de faire application aux pigeons de la loi du 6 octobre 1791, permettant au propriétaire, détenteur ou fermier de tuer la volaille au moment et sur les lieux du dégât.

Le moyen le plus propre à la destruction des oiseaux malfaisants est incontestablement le fusil; mais on conçoit aisément combien d'abus se commettraient si l'on en permettait l'usage illimité pendant le temps de prohibition de la chasse. Il faudrait au moins que dans les rares circonstances où cette autorisation serait jugée indispensable, l'exercice du droit accordé fût soumis à des restrictions nombreuses. On n'emploirait les armes à feu que de jour, sans chiens, sur des champs nouvellement ensemencés de certaines graines spécifiées et dans des circonstances dont la désignation devrait offrir toute la précision possible.

Les piéges sur poteaux sont généralement en usage pour la capture des oiseaux de proie nocturnes dont l'habitude est de se poser sur des troncs d'arbres isolés pour guetter leur proie. Ces piéges offrent l'avantage de pouvoir demeurer tendus jour et nuit sans causer d'accidents; mais ils offrent en même temps l'inconvénient de détruire parmi les oiseaux nocturnes, autant d'espèces utiles que d'espèces nuisibles.

Ce n'est pas, selon nous, un résultat positif, à beaucoup près, une notion fixe et déterminée que la distinction entre les oiseaux qui peuvent nuire et ceux qui ont quelque utilité. Rechercher quels sont les oiseaux dont il importe d'encourager la destruction et ceux dont il importe d'assurer la conservation, c'est une seule et même question qui ne saurait être divisée. Nous allons essayer d'en présenter les éléments et la solution dans le chapitre suivant qui concerne les prohibitions relatives à la destruction des oiseaux. Ce chapitre contiendra par conséquent une notable partie des observations que nous avons à faire au sujet de la destruction des oiseaux malfaisants ou nuisibles.

§ V. *Prohibitions relatives à la destruction des oiseaux.*

On a souvent observé que les vastes et admirables travaux de Buffon ne renferment qu'un bien petit nombre de classifications. L'enchaînement universel des relations des êtres était, aux yeux de notre célèbre naturaliste, le fait dominant de l'histoire de la nature. Partout d'insensibles transitions, au lieu de caractères tranchés, lui semblaient interdire la formation des systèmes.

Cette impossibilité de ramener les faits naturels à des jugements absolus, devient surtout évidente, lorsque l'homme veut apprécier, dans les choses qui l'entourent, le bien et le mal. Ces choses lui paraissent bienfaisantes ou malfaisantes, selon les relations qu'elles peuvent avoir avec la satisfaction de ses besoins. Il détourne, en quelque sorte, le cours naturel des existences pour leur donner un cours factice approprié à ses vues particulières. Mais comme les instincts des animaux ne se plient pas toujours aux modifications que ces vues exigeraient, il suit de là que le même animal apparaît, à nos yeux, comme utile ou comme dangereux, selon les circonstances.

Nous avons, d'après l'opinion commune, admis en principe qu'il fallait faire une guerre à outrance à certains quadrupèdes carnassiers. Cependant nous n'ignorions pas que le loup dévore aussi les fouines, belettes, rats, mulots, et qu'il mange même des hannetons; que le renard dévore moins de volailles que de mulots et de campagnols; que la fouine détruit les souris et les taupes; que la belette aime par dessus tout les souris et leur fait une chasse continuelle, ainsi qu'aux mulots, aux lézards et aux couleuvres; qu'enfin si les renards, fouines, belettes, chats sauvages doivent être exterminés dans l'intérêt des métairies, il serait avantageux, sous le rapport exclusif de l'intérêt des forêts, de conserver une certaine quantité de ces bêtes qui recherchent continuellement les rats, mulots et campagnols, fléau des plantations forestières.

Ces observations qui reçoivent leur application à l'égard d'un grand nombre d'espèces d'animaux, sont plus particulièrement, s'il est possible, applicables aux oiseaux.

On peut controverser longtemps au sujet de certaines espèces, sans parvenir à trancher la question de savoir si elles causent à l'homme plus de dommages qu'elles ne lui rendent de services, ou si elles lui rendent plus de services qu'elles ne lui causent de dommages.

Prenons le moineau comme premier exemple.

Ce n'est ni pour la taille, ni pour la force que le moineau peut être mis au nombre des animaux nuisibles. Et cependant les sentiments de réprobation dont il a été presque universellement l'objet semblent marquer sa place auprès des oiseaux de rapine les plus redoutés.

Il y a des arrêts de proscription contre lui. On assure que dans quelques provinces d'Allemagne, chaque paysan doit, tous les ans, apporter chez le bourguemestre une certaine quantité de têtes de moineaux.

La plupart des naturalistes et divers écrivains se sont fait un devoir de signaler à l'indignation publique les méfaits de cette espèce de granivores. « Les moineaux,

» s'écriait dernièrement un propriétaire-chasseur du » midi (1), ces voleurs domestiques qui, non contents de » gaspiller nos récoltes, viennent nous les disputer presque dans nos greniers; ces parasites familiers qui se » réfugient malgré nous dans nos habitations, encom» brent nos toits de leurs nids volumineux, et nous as» sourdissent de leurs piaulements monotones; les moi» neaux sont le fléau perpétuel de l'agriculture! Leur » espèce cause à elle seule plus de dévastations que tous » les insectes réunis! »

Ils ne se tiennent généralement qu'aux approches des lieux habités par l'homme, afin de vivre à ses dépens. Là, ils se multiplient avec une fécondité qui ne peut être comparée qu'à celle des lapins; ils font plusieurs couvées par an, et ils ont de chacune cinq ou six petits. Le froment est l'aliment qu'ils préfèrent : or, suivant Buffon, un moineau ne consomme pas moins de dix livres de grains par année. Si l'on évalue, avec Rougier de la Bergerie, à dix millions, et cette évaluation est vraisemblablement au-dessous de la réalité, le nombre des moineaux existants en France, il s'ensuit que cinquante millions, au moins, de kilogrammes de graines, c'est-à-dire environ 650,000 hectolitres, représentant une valeur actuelle approximative de dix millions de francs, sont dérobés annuellement par les moineaux à la consommation des hommes.

Epier continuellement autour des maisons, des granges et des magasins ou dans le temps des semailles à la suite du laboureur, les occasions d'exercer quelque pillage, voilà le manége et l'existence des moineaux pendant la mauvaise saison de l'année; on en a vu porter l'audace jusqu'à crever, dans les colombiers, le jabot aux jeunes pigeons, pour en tirer la graine qu'il renfermait. Quand

(1) Le Vieux Chasseur. *Journal des Chasseurs*, février 1840.

vient la belle saison, ils gaspillent les cerises, les groseilles, les raisins, dévastent les couches et les semis, prélèvent leur dîme sur les chènevières et sur les blés mûrs, avant et pendant la récolte. On assure que, dans les départements de l'Hérault et de la Haute-Garonne, beaucoup de propriétaires ont été forcés, à cause des moineaux, de renoncer à plusieurs cultures avantageuses, telles que celle du petit millet. Les champs d'orge que l'on a, dans ce même pays, l'habitude de semer près des grandes habitations, sont pour l'ordinaire coupés en vert : on tenterait vainement d'en laisser mûrir une partie ; les moineaux les dévoreraient, jusqu'au dernier grain, avant la parfaite maturité. Dans ces départements, on s'accorde à les regarder comme les plus terribles destructeurs des récoltes. Il s'en fait une chasse régulière, qui commence dans le mois de juillet. M. le préfet de la Haute-Garonne a permis de procéder en tout temps à leur destruction, en y employant des gluaux, filets, et substances enivrantes.

Cependant les moineaux ont trouvé des défenseurs, qui ont invoqué précisément l'intérêt de l'agriculture.

Il paraît qu'en Ecosse et dans le Palatinat, des primes furent instituées pour leur destruction, qui se trouva, au bout de quelques années, presque totale; mais on s'aperçut plus tard que les moissons souffraient de leur disparition. Il paraît qu'effectivement la consommation de graines et de fruits qu'on leur reproche n'a lieu que pendant une faible partie de l'année; ils mangent un grand nombre d'insectes, leurs petits ne sont alimentés exclusivement que de chenilles et de sauterelles, ils font une guerre acharnée aux hannetons, ils sont les ennemis des charençons, les plus nuisibles de tous les coléoptères.

Dans le plus grand nombre des Conseils généraux de

département, le moineau a été mis en accusation de la manière la plus formelle; mais à peine quelques-uns ont pris la détermination de l'inscrire dans la catégorie des animaux nuisibles, encore que ses pillages, vols et méfaits aient été amplement démontrés : on a pensé qu'il y avait dédommagement à suffisance; à vrai dire, on ne l'a renvoyé de l'accusation qu'à raison des circonstances atténuantes. C'est ainsi que le Conseil général de la Manche, après avoir reconnu que le moineau se rendait coupable de tout ce qu'on lui reprochait, a exprimé l'avis que dans ce département il fallait s'abstenir de le détruire, à cause de l'excessive multiplication des insectes résultant de la grande quantité de haies qui couvrent le territoire.

Nous croyons que l'indulgence apparente des conseils de département a été généralement déterminée par cette considération, que les moineaux sont surtout redoutables près des habitations : or, le propriétaire ayant, d'après la loi, la faculté de chasser en tout temps dans ses propriétés closes, peut, autant qu'il le juge utile, employer contre eux, divers moyens de destruction. Plusieurs préfets [1] ont accordé, pour le temps prohibé de chasse, la faculté de procéder à cette destruction dans un rayon de cent mètres des bâtiments d'habitation et d'exploitation rurales, mais seulement au moyen de la glu et des lacets à un seul brin.

Cette difficulté d'apprécier exactement les qualités bonnes ou mauvaises d'un animal a lieu particulièrement à l'égard des espèces omnivores, telles que les corbeaux et les corneilles.

A certaines époques et dans certaines contrées, on a proscrit le corbeau comme un animal auquel s'attachait

[1] Eure-et-Loir, Indre-et-Loire, Loir-et-Cher, Loiret, Yonne.

une mauvaise influence; en d'autres temps ou d'autres lieux, on l'a protégé comme animal bienfaisant.

Chez nous, de notre temps, les deux opinions opposées se partagent les observateurs.

Les cultivateurs de la vallée d'Essonne dont nous avons rapporté déjà les plaintes à l'occasion des lapins, ne se plaignent pas moins vivement des corbeaux. Ces oiseaux, disent-ils, acclimatés dans leur contrée, y sont très-nuisibles au succès des récoltes : ils détruisent le blé à sa naissance et ravagent les sillons quand on a voulu réparer leurs premières destructions par un nouvel ensemencement.

Il s'est élevé dans le Conseil général de la Seine-Inférieure un long débat pour savoir si les corbeaux et corneilles doivent être classés parmi les animaux nuisibles. Il faut d'abord, a-t-on dit, faire une distinction entre la grande et la petite corneille. La première de ces espèces est en effet carnassière, mais fort rare dans le département : on ne la rencontre guère que dans les rochers escarpés des bords de la mer; tandis que la petite corneille, qui est fort répandue, se rend utile aux cultivateurs. On ne nie pas que les corneilles ne mangent des grains. Mais ce n'est pas ce qu'elles cherchent principalement dans les terres de labour, à l'époque des ensemencements. Vous les voyez suivre en grand nombre la charrue qui ouvre le sillon; ce ne sont pas des grains qu'elles y recueillent, mais bien les vers et les larves que le sol met à découvert. Si on les voit encore à la suite du laboureur quand il sème, c'est parce que la herse qui passe sur le sol livre ces mêmes insectes à leur avidité. Le corbeau fouille de toute la longueur de son bec dans la terre fraîchement labourée : c'est qu'en y pratiquant le trou conique dont on trouve l'empreinte, il en fait sortir le ver. Dans son vol, il s'arrête tout à coup au-dessus d'une plante qui s'élève au milieu d'un champ, jaune et languissante : observez-le : il se précipite vers cette plante, cherche dans la terre, puis il s'envole emportant, comme d'un air de triomphe, le gros ver blanc du hanneton qui rongeait la plante dans sa racine.

Le Conseil général de la Seine-Inférieure, tout en reconnaissant que la petite corneille fait quelques dégâts, notamment dans les champs de pommes de terre, a pensé que toutefois aucun inconvénient ne l'emportait sur les avantages qu'offre la présence d'un oiseau qui dévore les mans, ce redoutable fléau de l'agriculture. L'usage existait dans quelques localités de ce département, de prendre pendant les temps de gelée et de neige, au moyen de filets, dits *rets à corneilles*, une grande quantité de ces oiseaux que l'on vendait dans les marchés. M. le préfet de la Seine-Inférieure a interdit toute capture et destruction des corneilles, en y comprenant la grande espèce, nuisible, mais rare, et qui, par sa similitude avec la petite, aurait pu fournir prétexte pour la destruction de cette dernière.

Nous avons dit que beaucoup de départements avaient mis les corbeaux et corneilles au rang des animaux nuisibles. Les départements de l'Orne et du Calvados sont de ce nombre; mais ils n'accordent le droit de les tuer que pour le temps des semailles. Suivant le témoignage du Conseil général de la Haute-Garonne, c'est pendant l'époque de la germination du blé et de la maturité du maïs qu'elles font surtout leurs ravages. Quoique les motifs de ces délibérations n'aient pas été, en général, explicitement donnés, il nous a paru que le mal qu'on redoutait des corbeaux était le bouleversement des sillons plutôt que la consommation d'une quantité plus ou moins grande de graines.

La corneille mantelée est de toutes les variétés celle dont on parle dans les termes les plus favorables, et cependant un auteur digne de foi (1) nous dit qu'en Provence « on a vu des nuées de corneilles mantelées s'a-» battre dans les vergers d'oliviers et dévorer toute la » récolte. »

En présence de tant d'assertions diverses et contradictoires, nous nous croyons dispensé légitimement de formuler une opinion.

Les piverts nous offrent, avec des circonstances différentes, un exemple analogue.

M. Degland dit au sujet de cet oiseau : « qu'il est très-» nuisible aux arbres de haute futaie, à cause des trous » profonds qu'il y fait pour établir son nid. »

Il est bien reconnu que les pics frappent les arbres à grands coups de bec au point d'endommager les essences tendres, telles que peupliers et bouleaux, qu'ils percent de toutes parts ; mais aussi, l'on s'accorde à penser que l'objet de ce manége est de faire sortir par la percussion les insectes et larves cachés dans les écorces, et dont l'oiseau se nourrit. Il semble résulter, en outre, d'observations rapportées par Buffon et confirmées récemment par M. Bouteille (2), que les pics, pour la formation de leurs nids, s'attaquent particulièrement aux vieux arbres, dans lesquels ils perforent très-facilement des trous, n'ayant à percer qu'une écorce fort peu solide dans les arbres qui tombent en pourriture.

Si les pics, au lieu de perforer des arbres encore vigoureux, ne s'adressent qu'aux arbres d'une vétusté déjà avancée, il est hors de doute que ces oiseaux, loin d'être

(1) *Statistique du département des Bouches-du-Rhône*, tome 1, *page* 813.

(2) *Ornithologie du Dauphiné.*

nuisibles, doivent compter au nombre des plus utiles que l'on connaisse pour délivrer les forêts des insectes qui en sont le fléau.

La mésange est encore un type de ces oiseaux dont le caractère d'utilité peut être tenu pour équivoque.

Ce n'est pas un gibier recherché : indépendamment de sa petitesse extrême, sa chair est maigre, amère, sèche, et constitue un fort mauvais manger.

Le genre de vie des mésanges est fort varié. En toute saison, elles se nourrissent de grains dont elles percent les enveloppes à coups de bec. C'est leur principale nourriture dans la mauvaise saison ; elles y joignent les dépouilles d'insectes qu'elles trouvent en furetant sur les arbres. Quand vient le printemps, elles ont l'habitude de pincer les boutons naissants des arbres fruitiers, et elles y causent beaucoup de dégâts ; mais en même temps elles s'accommodent des œufs des chenilles qui détruisent les fruits. Pendant qu'elles ont des petits, elles font une grande consommation d'abeilles. En été, leur nourriture comprend beaucoup d'objets : amandes, noix, toutes sortes de noyaux, châtaignes, faînes, figues, chènevis, panic et autres menus grains dont elles forment des magasins dans les creux d'arbres. L'habitude la plus constante de leur vie, c'est de voltiger d'arbre en arbre, de grimper sur les troncs, de se suspendre aux branches, de s'accrocher aux murailles ou aux rochers, visitant toutes les petites fentes, fouillant toutes les gerçures, déchirant le lichen et la mousse, pour en extraire les vers, les insectes ou leurs œufs.

Tout bien considéré, nous croyons que les mésanges sont utiles à l'économie rurale et forestière.

Mais existe-t-il des espèces qui soient exclusivement nuisibles ou exclusivement utiles?

Quelques oiseaux de passage sont exclusivement nuisibles pendant le bref espace de temps de leur passage. Ainsi les plongeons du Nord, les cormorans, surtout les harles qui ont la faculté de voler sous l'eau, lorsqu'ils viennent en hiver visiter nos lacs ou nos étangs, y exercent les plus grands ravages; d'un autre côté, leur mauvaise chair ne permet pas de les assimiler à un gibier.

Le terme d'*oiseaux de proie* signifie, dans l'opinion la plus commune, des oiseaux qui nuisent à l'agriculture et à l'homme. Quelques espèces semblent justifier entièrement cette opinion. Ainsi, le gypaëte, l'aigle royal, l'aigle jean-le-blanc, le pygargue, si redoutables pour le grand gibier et pour les animaux de basse-cour; le balbusard, grand destructeur de poissons et d'oiseaux aquatiques, ne rendent à l'économie rurale aucun service qui compense leurs dévastations.

Mais ce serait une grave erreur que d'envisager toutes les espèces d'oiseaux de proie comme purement malfaisantes.

Un observateur, justement estimé parmi les naturalistes, s'est exprimé ainsi (1) : « L'insociabilité des accipitres ou » rapaces, leur vie errante et vagabonde, leur caractère » dur et féroce les font regarder comme des êtres nui» sibles : c'est à tort; car, sentinelles vigilantes du culti» vateur, loin de toucher à nos récoltes, ils sont sans cesse » occupés à détruire les rats, les mulots, les taupes, etc., » qui y font des dommages. »

Ce n'est pas le seul témoignage de cette nature : « Les » oiseaux qui composent la famille des chouettes sont, dit » Millet (2), les ennemis déclarés des mulots et des cam» pagnols, animaux des plus nuisibles aux moissons. Sans

(1) Polydore Roux. *Ornithologie provençale, page* 1.

(2) *Faune de Maine-et-Loire.*

» la sage prévoyance de la nature, on verrait bientôt ces » petits rongeurs devenir, par leur multiplication, le plus » grand fléau de l'agriculture. Il importe donc beaucoup » à l'agronome de protéger ces oiseaux et de leur faciliter » même les moyens de destruction en plaçant sur ses » terres nouvellement ensemencées quelques rameaux » d'où ils puissent être à portée de s'élancer sur leur » proie lorsqu'elle vient à paraître. »

Parmi les rapaces nocturnes, le grand-duc est peut-être le seul oiseau qui doive être réputé malfaisant, à cause du tort qu'il fait au gibier. Quant au hibou, nous nous abstiendrons, à la vérité, d'en faire, à l'exemple des anciens, le symbole vénéré de la sagesse; mais ni la bizarrerie de sa figure, ni ses cris lugubres ne justifieront à nos yeux l'effroi qu'il semble inspirer aux habitants des campagnes : nous respecterons en lui le destructeur infatigable des taupes, rats, mulots, courtilières et insectes de nuit. La plupart des oiseaux de proie nocturnes font principalement leur nourriture de taupes et de mulots; le jeune gibier et les petits oiseaux en sont purement l'accessoire. Que l'on fasse attention aux ravages exercés par les mulots dans les forêts; leur multiplication devient quelquefois si prodigieuse, que la nourriture semble devoir leur manquer. Non contents d'enlever les glands et les faînes semés, ils rongent et dévorent toute l'écorce des jeunes taillis, charmes, hêtres, érables, frênes, et n'oublient pas de se répandre, un peu avant la récolte ou pendant les semailles, dans les champs pour en dévorer les graines.

Les oiseaux de proie sont la seule défense de nos plantations forestières contre ces armées de rongeurs.

De même que certaines espèces ont été regardées comme purement malfaisantes, quelques autres ont été regardées comme purement utiles.

Les Egyptiens, en décernant un culte à l'ibis, et punissant de mort le meurtrier même involontaire d'un de ces oiseaux sacrés, n'obéissaient pas uniquement à une superstition aveugle; ils croyaient que l'espèce de l'ibis préservait l'Egypte des invasions des serpents en les détruisant sur la frontière. « On assure, rapporte M. A. Toussenel[1], » qu'il y a peu de reptiles vénimeux dans le climat brû- » lant de l'Algérie... La grande quantité d'oiseaux de » proie, de hérons, de cigognes que nourrit cette contrée » est la raison de cette rareté des serpents. » L'opinion des Egyptiens au sujet de l'ibis paraît donc avoir été fondée.

Les mêmes raisons justifient le culte religieux dont la cigogne était l'objet chez ce même peuple. En Thessalie, pays infesté de serpents, le meurtrier d'une cigogne était puni de mort. Dans tous les pays de l'Europe que ces oiseaux fréquentent, en Allemagne, en Alsace, en Suisse, en Hollande, un préjugé populaire veut qu'elles portent bonheur aux maisons qui les possèdent; on établit des aires sur les édifices élevés pour les y attirer. Aucun préfet de nos départements n'a autorisé la chasse des cigognes, et au contraire le Conseil général du Haut-Rhin a recommandé d'en interdire la destruction d'une manière absolue.

Les cigognes sont utiles à beaucoup d'égards. Pendant l'éducation très-longue de leurs petits, elles ne cessent de leur apporter des souris, des lézards, des vers et des sangsues. Cependant on dit qu'elles font du tort aux étangs peuplés de petits poissons, notamment quand les eaux sont basses. Dans nos contrées où les reptiles dangereux sont en petit nombre, la cigogne doit le respect dont elle est l'objet, moins peut-être à ses qualités utiles qu'à la tradition et surtout au sentiment de bienveillance que provoque l'ins-

(1) *Journal des Chasseurs.*

tinct confiant qui la porte à placer son nid sur la demeure de l'homme.

C'est un sentiment de même nature qui est en partie l'origine du respect accordé à l'hirondelle dont l'utilité d'ailleurs n'est pas réellement contestable. En effet, l'hirondelle, dans son vol rapide et accidenté, s'empare d'une foule d'insectes. La reproduction des hirondelles ne se fait pas dans les pays méridionaux où elles vont passer l'hiver; elle se fait seulement dans le nôtre, et il est certain qu'elles reviennent annuellement dans le même lieu. Toute destruction d'hirondelles tend donc à en diminuer l'espèce. Aussi plusieurs préfets, ceux de la Charente, de la Drôme, de la Loire-Inférieure, de Lot-et-Garonne, du Morbihan, de Vaucluse, ont-ils formellement interdit la chasse de ces oiseaux. Cependant l'usage de cette chasse existe dans quelques départements méridionaux; dans la Gironde on portait les hirondelles sur les marchés, et l'espèce en a été sensiblement diminuée. On leur tend aussi des filets dans les prairies de la Saône, du Rhône et de l'Isère. M. le préfet des Bouches-du-Rhône a cru ne pouvoir refuser aux habitants de l'arrondissement d'Arles, où les hirondelles sont réputées un excellent gibier et donnent lieu à une industrie locale dont les produits sont considérables, l'autorisation de continuer cette chasse, qui se prolonge du 15 septembre au 15 novembre.

Ces espèces, au surplus, sont, en quelque sorte, les seules dont la conservation ait préoccupé dans tous les temps les peuples des divers pays.

En France, des inquiétudes au sujet de la diminution générale du nombre des oiseaux, ont été manifestées depuis quelques années et particulièrement depuis qu'une nouvelle législation sur la chasse a été demandée, afin de prévenir la destruction du gibier. Peut-être a-t-on pensé qu'un intérêt de plus s'attacherait à la loi réclamée, si l'on établissait que la conservation des oiseaux importe à la conservation des récoltes.

Cette assertion, avancée par les uns en termes vagues, exagérée par les autres, n'a été encore en réalité ni bien éclaircie ni bien réfutée.

Et d'abord est-il vrai que les oiseaux aient diminué de nombre?

On ne saurait le nier, en ce qui concerne l'espèce purement indigène de la perdrix, et quelques autres espèces de grande taille. Ces espèces en effet n'ont pas toujours la faculté de se dérober aux recherches des chasseurs, et leur diminution est d'autant plus prompte qu'elles n'ont en général qu'une reproduction restreinte.

Ce sont les espèces rapaces qui ont nécessairement disparu les premières. Les vautours ne se trouvent plus que dans les Pyrénées et en bien petit nombre. L'aigle jean-le-blanc, dont la présence dans une localité se manifeste immédiatement par quelque ravage dans les basses-cours, fort commun dans toute la France, il n'y a pas un siècle, comme l'attestent beaucoup de témoignages, ne se voit presque plus dans la majeure partie de nos provinces.

« Ces espèces, dit M. Bouteille, autrefois fort communes « dans le Dauphiné, grâce à la nourriture facile que leur « offraient les vastes forêts peuplées de gibier de toutes « sortes et aux retraites inaccessibles qu'elles trouvaient » dans les rochers escarpés, ont beaucoup diminué depuis « que la culture a envahi les montagnes. » Les coqs de bruyère et les gelinottes ont également diminué dans ces mêmes régions montagneuses. Nous avons eu déjà occasion de rappeler que la grande outarde et même la petite deviennent de plus en plus rares.

La diminution de ces espèces, comme celle des perdrix, s'explique suffisamment par l'augmentation du nombre des chasseurs, conséquence de l'accroissement de la population, et de la facilité presque illimitée avec laquelle on a pu se livrer à la chasse.

Ces mêmes causes ne suffisent peut-être pas à expliquer la diminution néanmoins avérée de certaines espèces des plus petits oiseaux. On s'accorde, en Lorraine, à reconnaître que le nombre des rouges-gorges est considérablement réduit depuis un quart de siècle. On croit aussi que les alouettes ne sont pas généralement aussi abondantes qu'autrefois.

Beaucoup de personnes attribuent ce résultat aux destructions causées par l'emploi illimité des lacets, des trébuchets et surtout des filets.

Pour que cette opinion fût entièrement fondée, il faudrait admettre que ces engins sont de nouvelle invention.

L'invention de la plupart des engins servant à la chasse des oiseaux remonte à des époques fort reculées. On voit sur des bas reliefs de l'ancienne Egypte des chasseurs prenant des oiseaux avec des filets (1). Virgile et Ovide rendent témoignage de l'emploi des rets, des lacets et de la glu (2). Un poëte contemporain d'Ovide, Gratius, dans un

(1) Voyez dans l'*Univers pittoresque*, partie de l'Egypte, par Champollion-Figeac, une gravure qui représente un filet qui nous paraît être le filet à double nappe : des oiseaux aquatiques du genre des oies ou canards, sont pris sous les nappes ; d'autres voltigent au-dessus.

(2) *Tunc gruibus pedicas et retia ponere cervis.*

VIRGILE, Géorgiques, liv. I.

Hinc laqueis captare feras et fallere visco.

OVIDE, Métamorphoses.

traité en vers sur la chasse (1), expose la manière de faire les lacs et les halliers. Pierre de Crescens, dont l'ouvrage sur l'agriculture eut dans le moyen âge, à partir du XIIIe siècle, une si grande réputation (2), donne la description d'une dizaine d'espèces de rets ou filets à prendre les oiseaux ; il mentionne la pantière sous son nom actuel, et fait connaître en détail et de la manière la plus exacte le filet à double nappe dont il se servait comme nous, avec le secours d'appelants placés entre les deux nappes. Il décrit encore les lacets en crin, ainsi que la manière de prendre à la glu les petits oiseaux et particulièrement les étourneaux.

Beaucoup de détails analogues se trouvent dans *Le livre du roi Modus* appartenant au XIVe siècle, et qui est le plus ancien livre de chasse que l'on ait écrit en français (3). Les dessins à miniature qui accompagnent les manuscrits contemporains de l'auteur, représentent le filet à double nappe, tel, à bien peu de chose près, qu'on le retrouve au XVIIe siècle dans le livre des *Ruses innocentes*, au XVIIIe dans les gravures de l'Encyclopédie, tel enfin qu'on peut le voir dans les lithographies jointes à ce volume.

On sait d'ailleurs que, sous l'ancienne législation, la chasse des oiseaux de passage n'était pas, comme celle des quadrupèdes, un privilége de caste ou de propriété, et que le paysan lui-même pouvait, en se servant exclusive-

(1) *Cynegeticon sive de venatione.*

(2) *Opus ruralium commodorum, libri duodecim*, traduit en français par ordre de Charles V, en 1373. — Voyez l'édition de 1486, publiée sous le titre de *Livre des prouffits champêtres et ruraux*, etc., liv. x, ch. 22.

(3) *Le livre du roi Modus et de la royne Racio.* Une nouvelle édition a été publiée en 1838, par M. Elzear Blaze.

ment des filets permis, se livrer à cette chasse sur ses terres ou sur celles d'autrui avec le consentement du propriétaire [1].

Si donc la chasse aux filets a pu devenir une des causes de la diminution du nombre des oiseaux, c'est seulement par suite de l'accroissement de la population qui a dû accroître le nombre des chasseurs.

D'autres circonstances ont exercé vraisemblablement une influence plus grande. Des parcs ont été détruits, des forêts entières ont été défrichées ; des garrigues, bruyères, friches, se sont converties en cultures ; les biens communaux ont été divisés et mis en valeur, et nombre de haies, buissons, réserves ont disparu. Beaucoup d'oiseaux ne trouvent à se nicher que dans les terres cultivées, et ils se jettent dans les prairies artificielles dont les récoltes hâtives et les coupes réitérées troublent les couvées, ou

[1] Ordonnance de 1601. — Art. 5. « Permettons de pouvoir tirer » ou faire tirer l'arquebuse sur les terres, eaux et marais, aux oi- » seaux de rivières, grues, oyes sauvages, bisets, ramiers et tout » autre gibier de passage non défendu ; ensemble de faire tendre et » prendre avec les filets, panneaux et engins que nos ordonnances » permettent, les lapins, bécasses, pluviers et toute autre pareille es- » pèce de gibier, fors et excepté des lièvres, levrauts et perdrix.

Art. 9. « Faisons défenses à toutes personnes indifféremment de » faire ouvrer et exposer en vente, avoir et eux aider de tirasses, » tonnelles, traîneaux, bricolles de cordes et de fil d'archal, piccet et » pans de rets et collets... Pourront seulement être exposés en vente » toiles à grosses bêtes, poches et panneaux à prendre lapins et con- » nils, ailliers à cailles, nappes et filets à alouettes, grues et merles, » ramiers, bisets, bécasses, pluviers, sarcelles et autres oiseaux de » passage. »

Cette citation nous a paru mériter de trouver place ici ; elle détermine à peu près comme nous-même l'avons fait, la distinction entre les filets qui peuvent être autorisés et ceux qui doivent être interdits.

même font disparaître le nid avant que la couvée ait eu le temps d'éclore. La propagation des prairies artificielles a contribué à la diminution des cailles beaucoup plus, sans nul doute, que les chasses qui ont pu en être faites sur les bords de la Méditerranée.

Les progrès de la culture préjudicient à la reproduction des oiseaux de plusieurs manières. Nous avons lu quelque part que la diminution du nombre des outardes dans la Champagne remonte particulièrement à une époque où certaines plantations considérables de sapins y ont été faites, résultat facile à concevoir lorsqu'on sait que ces oiseaux fréquentent exclusivement les plaines rases et entièrement découvertes.

Il n'est pas moins évident que là où des marais ont été desséchés, des étangs comblés, les bécassines et les canards deviennent beaucoup plus rares. S'ensuit-il que l'espèce des bécassines et des canards ait diminué? Ce que nous avons dit au sujet des divers oiseaux de passage nous semble avoir démontré que la plupart des espèces de passage qui se reproduisent dans les régions solitaires du Nord n'ont pas éprouvé de diminution appréciable. Un écrivain [1], déplorant la diminution du nombre des oiseaux, a dit que l'Ecosse n'entend déjà plus le chant du rossignol. Peut-être le rossignol n'a-t-il jamais affectionné l'Ecosse. M. Bouteille assure que dans certaines contrées peu boisées, telles que le Bugey, jusqu'à la hauteur de Nantua, les rossignols sont fort rares. Il ne s'ensuit pas que la France soit privée de rossignols comme le Bugey.

D'un autre côté, si la diminution de certaines espèces est incontestable, la diminution de quelques autres peut n'être qu'apparente. Partout en effet où la population s'est accrue depuis cinquante ans, il suffit qu'une espèce soit

[1] *Maison rustique du* XIXe *siècle*, t. I, p. 553.

demeurée stationnaire pour qu'on la croie plus rare, et peut-être la diminution des rouges-gorges, dont on se plaint en Lorraine, tient-elle uniquement à la multiplication des consommateurs.

Cherchons maintenant à déterminer quels peuvent être les services que les oiseaux sont aptes à rendre à l'économie rurale ou forestière.

Depuis un grand nombres d'années, les chenilles ont fait de grands ravages dans la végétation. Les remèdes contre ce mal ont été nuls dans la plupart des cas, insuffisants dans les autres. De ce que certains oiseaux détruisent des chenilles, on a induit que, s'il existait un plus grand nombre de ces oiseaux, la multiplication des chenilles cesserait d'avoir lieu dans la même proportion. Cette croyance est vraie au fond; mais il s'y mêle, comme à l'égard de tous les maux dont le remède direct n'est pas connu, quelque nuance de superstition que nous voulons d'abord mettre à l'écart.

Il est bien vrai qu'on a vu dans ces dernières années, quelques espèces jusqu'alors inconnues se naturaliser, en quelque sorte, spontanément dans un pays. Nous citerons entr'autres celle du puceron lanigère si funeste aux pommiers qui, après s'être montré dans les départements de la Manche et du Calvados, a envahi finalement toute la Normandie. De toutes parts, on s'est formé l'opinion que les insectes causent de notre temps plus de ravages qu'autrefois. Or, il n'est pas besoin de faire de longues recherches pour acquérir la conviction qu'à des époques où l'on n'avait aucunement remarqué de diminution dans le nombre des oiseaux, on se plaignait de l'abondance des insectes aussi vivement qu'aujourd'hui.

« Les chenilles, disait la Poix de Freminville, en

» 1775 [1], ont, depuis nombre d'années, fait des dégâts » étonnants, en mangeant les feuilles et les boutons de » tous les arbres fruitiers, buissons, bois et forêts, ce » qui a fait des pertes immenses. »

Le Parlement de Paris avait rendu, le 4 février 1732, un arrêt contenant pour la destruction des chenilles, des prescriptions que la loi du 26 ventôse an 4, encore en vigueur, n'a fait que reproduire à peu près textuellement. Suivant le préambule de cet arrêt, « la quantité des che» nilles qui avaient dépouillé, l'année précédente, presque » tous les arbres de leurs feuilles et qui avaient aussi en» dommagé les fruits, faisait craindre dans plusieurs » provinces une perte nouvelle plus considérable par le » nombre de toiles ou bourses dans lesquelles les œufs de » ces insectes étaient renfermés : ces toiles paraissaient » sur les arbres, haies ou buissons, dans une quantité si » supérieure à celle de l'année précédente, que tout le » monde convenait qu'on n'en avait jamais vu une si grande » abondance; ce qui paraissait causer beaucoup d'inquié» tudes dans différentes provinces par rapport aux fruits » de la terre...... » — Le fléau se renouvela; car six ans après, le lieutenant-général de police au Châtelet rendant, le 16 mai 1738, un jugement de condamnation contre plusieurs habitants de la banlieue de Paris qui avaient négligé d'écheniller, disait que la plupart des arbres et des haies étaient couverts de nids de chenilles.

Les insectes ne causent nulle part autant de ravages que dans les forêts et particulièrement dans celles d'arbres résineux. On lit dans la *Description du genre pin*, par A.-B. Lambert, que des forêts de pins de près de dix lieues de longueur ont été totalement détruites par la larve de la

[1] *Dictionnaire ou Traité de la Police générale*, in-8°.

phalœna monacha de Linné. Suivant Latreille (¹), ce sont principalement les insectes appelés bostriches que l'on doit redouter pour ces sortes de forêts. Ils s'attaquent aux bois de pins et de sapins rouges, jamais aux arbres à feuilles rondes. Pendant l'hiver, ils séjournent dans l'intérieur des écorces et pénètrent dans le bois en le rongeant. Chaque femelle pond soixante à quatre-vingts œufs; de chaque œuf il sort une larve en forme de ver qui, partant de sa niche, s'avance en serpentant et construit une galerie; puis la larve se change en nymphe; enfin le bostriche devenu insecte parfait dévore tout ce qui est encore reste entre le bois et la partie dure de l'écorce intérieure et se perce une issue au jour. On assure qu'il peut se rencontrer dans un seul arbre jusqu'à 80,000 larves de cette espèce. Latreille rapporte des témoignages desquels il résulte que pendant le XVIIe et le XVIIIe siècles, des forêts entières en Allemagne ont été dévorées par ce genre d'insectes. Vers 1780, ce fléau se manifesta dans les forêts du Hartz : trois ans après, on comptait dans ce seul pays plus d'un million et demi de troncs de sapins absolument séchés sur pied. Le ravage recommença en 1790; vers 1796, il n'avait épargné qu'un bien petit nombre des lieux anciennement riches de sapins. Baudrillart rapporte (²) qu'en 1810, la forêt de Tannesbuch, située dans le département de la Roër, peuplée de pins sauvages et d'une contenance de près de 200 hectares, fut entièrement dévorée par des bostriches; un décret de 1813 prescrivit d'abattre entièrement cette forêt, d'enlever les bruyères, de brûler les racines, écorces, menues branches, ramilles, bois gisants, mousses et feuilles, et enfin de repeupler la forêt

(¹) *Histoire des Insectes* faisant suite à l'*Histoire naturelle* de Buffon, édition de Sonnini.

(²) *Dictionnaire des Forêts*, article *Insectes*.

en toutes autres essences que celles des arbres résineux.

On aurait peine à soutenir avec quelque vraisemblance que les oiseaux auraient pu prévenir ou empêcher ces immenses dévastations.

La multiplication presque incroyable des insectes dans certaines années et leur anéantissement tiennent principalement à un concours de circonstances atmosphériques qui ne se reproduit qu'à des intervalles plus ou moins éloignés. Si le printemps a commencé sous l'influence d'une température douce qui ait fait sortir les chrysalides et les larves de leurs retraites et les insectes de leurs coques, une pluie froide survenant tout à coup et surprenant ces insectes dans leur état de faiblesse en fera disparaître, pour ainsi dire, l'espèce pour le reste de l'année : les larves des bostriches périssent par millions lorsqu'une température défavorable les surprend dans leur état de nymphes, parce qu'alors elles sont très-sensibles aux froids rigoureux. Lorsque, au contraire, la température favorise pendant plusieurs mois sans interruption la reproduction des insectes, le nombre en devient tel que pour détruire ceux d'une province, il ne suffirait pas de tous les oiseaux d'un empire. C'est un fait qui se retrouve dans l'histoire de toutes les espèces d'insectes, qu'en certaines années ils multiplient à l'excès, et que l'année suivante ils sont réduits au nombre ordinaire.

Il nous reste à déterminer dans quelle proportion réelle la destruction des insectes peut être due aux oiseaux.

La nourriture que chaque espèce d'animaux recherche est naturellement en rapport avec les besoins de son organisation. Or, chez les oiseaux, ainsi que Buffon l'a fait observer, le sens du goût est presque nul ou du moins fort inférieur à celui des quadrupèdes, au point qu'ils ne jugent guère des saveurs et qu'ils sont assez indifférents sur le choix. De là vient que la plupart ont, indépendamment de leur nourriture habituelle, des ressources accessoires d'alimentation qui sont différentes selon les temps et selon les lieux.

Les espèces omnivores offrent l'exemple le plus remarquable de cette aptitude pour ainsi dire indéterminée de l'appétit des oiseaux.

Les espèces carnivores font principalement leur nourriture de mammifères et de poissons; mais, parmi ces espèces, celles de petite taille y joignent des insectes.

Les granivores, de même que les insectivores, ne sont pas astreints d'une manière absolue à un seul genre d'aliments; ils en changent selon les saisons. Pour les fringilles, telles que pinsons, linottes, bouvreuils, les semences farineuses sont, en automne et en hiver, la base de la nourriture. Au printemps, les linottes s'attaquent aux boutons des tilleuls et des peupliers, les bouvreuils se jettent sur les bourgeons des pruniers et il n'est aucun des oiseaux granivores qui ne prenne un grand nombre d'insectes, surtout dans l'époque de la reproduction.

Les fauvettes, les rouges-gorges, après avoir, pendant la belle saison, recherché exclusivement les vermisseaux et les insectes, se mettent, dans l'automne, à manger aussi des fruits de ronces, des raisins dans les vignes et des alises dans les bois. Les grives et les merles qui, dans le printemps, sont grands mangeurs d'insectes, deviennent en automne avides de toutes espèces de baies et grands ravageurs de raisins.

Chez tous les animaux, la nature des appétits comme la direction des instincts se révèle par des caractères extérieurs : chez les oiseaux la conformation du bec est le plus important de ces caractères.

« Le bec, dit Buffon (1), est l'organe principal des » oiseaux et duquel dépend l'exercice de leur force, de » leur industrie et de la plupart de leurs facultés; le bec » qui est à la fois pour eux la bouche et la main, l'arme » pour attaquer, l'instrument pour saisir, doit par con» séquent, être la partie de leur corps dont la conforma» tion influe le plus sur leur instinct, et décide la néces» sité de la plupart de leurs habitudes. »

Chez les rapaces, un bec crochu et quelquefois denté, retient et déchire la proie que des ongles robustes ont saisie. Le bec du corbeau fort, droit et terminé par une pointe en forme de coin, tenaille et déchire en lambeaux les chairs putréfiées, ou retourne et laboure la terre à la manière d'un soc.

Le bec de la cigogne très-long et droit est fait pour saisir les reptiles; celui du héron, long, finement dentelé, tranchant par les bords, retient le poisson en laissant une empreinte sur le poli de ses écailles; celui de l'huitrier, allongé, robuste, taillé en ciseaux par les côtés, ouvre les coquillages bivalves et en extrait le poisson; celui des canards, large, épais, aplati, sillonné régulièrement sur ses bords, ramasse avec une égale facilité les vermisseaux et les petits poissons.

Les autres échassiers, tels que courlis, barges, chevaliers, bécasseaux, bécasses, dont le bec n'est ni assez fort, ni assez tranchant pour s'emparer des poissons et des reptiles; ont pour nourriture des vers et des petits mollusques : leur bec long, grêle, flexible, et dont l'extrémité quelquefois amollie semble pourvue de sensibilité, est destiné à fouiller dans les terres molles, les vases et les limons.

La forme du bec n'est pas moins caractéristique dans les espèces seminivores et granivores. On comprend que

(1) Article du Macareux.

chez le bec-croisé des pins, deux mandibules croisées l'une sur l'autre et terminées par des pointes recourbées, sont des ciseaux excellents pour enlever l'écorce écailleuse des pommes des pins et en extraire la semence.

Le gros-bec, le bouvreuil munis d'un bec robuste, comprimé à la pointe et bombé sur les côtés, ne sont pas embarrassés pour ouvrir le fruit de l'alisier ou du cerisier, et s'emparer de l'amande en rejetant l'enveloppe. Le bec tranchant du pinson dépouille aisément de son péricarpe la graine du chènevis ou de l'avoine; le bec conique des bruants, le bec cylindrique un peu arqué des alouettes sont très-propres à recueillir les semences.

Parmi les insectivores, la variété des moyens n'est pas moins bien appropriée aux résultats.

Chez le torcol, c'est la langue et non le bec qui recueille la nourriture. Cette langue enduite d'une salive gluante et mielleuse, étalée comme un ver de terre le long d'un sillon, sur la branche d'un arbre, au bord d'une fourmilière est retirée bientôt chargée de fourmis.

Le pic, destiné à vivre principalement d'insectes, est cependant pourvu d'un bec très-long et dur dont les mandibules se terminant chacune en pointe par l'extrémité et taillées par les côtés en biseau, font le double office d'un coin très fort et d'un ciseau tranchant. Le pic, en frappant à coups redoublés sur l'écorce des arbres, non-seulement fait remuer ou sortir les insectes cachés, mais il agrandit l'ouverture étroite du trou dans lequel l'insecte se forme, puis sa langue longue et visqueuse comme celle du torcol, armée d'un pointe solide qu'accompagnent de petites épines recourbées en arrière, va se darder profondément comme un harpon vers la larve et la retire empalée ou engluée.

Les autres insectivores sont pourvus très-différemment.

Les fauvettes qui recueillent les mouches et les vermisseaux en sautillant de branche en branche, les rouges-gorges, les rossignols ont le bec fin, grêle, en alêne droite ou quelquefois un peu fléchie.

Quant aux hirondelles, aux martinets et aux engoulevents, leur bec court, mince, plat et sans force est, pour ainsi dire, impropre à rien saisir. Mais ce bec fendu jusque près des yeux demeure ouvert pendant qu'ils volent et leur proie ailée s'y engloutit sans que la rapidité de leur vol en soit ralentie.

Rien n'est plus incontestable que l'efficacité des oiseaux purement insectivores pour délivrer l'homme des persécutions des insectes. Nous ne pouvons mieux faire que de laisser parler Buffon lui-même : « Sans le secours de ces » oiseaux, dit-il, l'homme ferait de vains efforts pour » écarter les tourbillons d'insectes volants dont il serait » assailli; comme la quantité en est innombrable et leur » pullulation très-prompte, ils envahiraient notre domaine, » ils rempliraient l'air et dévasteraient la terre, si les » oiseaux n'établissaient pas l'équilibre de la nature vi- » vante en détruisant ce qu'elle produit de trop. La plus » grande incommodité des climats chauds est celle du » tourment continuel qu'y causent les insectes; l'homme » et les animaux ne peuvent s'en défendre : ils les attaquent » par leurs piqûres, ils s'opposent aux progrès de la cul- » ture des terres dont ils dévorent toutes les productions » utiles; ils infectent de leurs excréments ou de leurs œufs » toutes les denrées que l'on veut conserver. Ainsi les oi- » seaux bienfaisants qui détruisent les insectes ne sont » pas assez nombreux dans les climats chauds où néan- » moins les espèces sont très-multipliées. Et, dans nos pays » tempérés, pourquoi sommes-nous plus tourmentés des » mouches au commencement de l'automne qu'au milieu

» de l'été? Pourquoi voit-on, dans les beaux jours d'oc-
» tobre, l'air rempli de myriades de moucherons? C'est
» parce que tous les oiseaux insectivores, tels que les hi-
» rondelles, les rossignols, les fauvettes, les gobes-mou-
» ches, etc., sont partis..... Ce petit temps, pendant
» lequel ils abandonnent trop tôt notre climat, suffit pour
» que les insectes nous incommodent par leur multitude
» plus qu'en aucune autre saison. »

Les espèces qui peuvent être utiles aux récoltes et aux fruits de la terre offrent beaucoup de variétés.

Il n'en est pas qui rendent, selon nous, plus de services que les grimpereaux, les pics, les mésanges qu'on voit grimper le long des arbres, à la recherche des insectes qui y sont attachés. Beaucoup d'insectes à étuis écailleux, les capricornes, les cerfs-volants, les priones et cerambyx, surtout la chenille de la phalène, appelée *cossus* ou perce-bois, pratiquent dans l'écorce ou dans la substance même des arbres des cavités fistuleuses où l'eau séjourne et pourrissant les fibres, occasionne ces plaies qui rendent le plus bel arbre défectueux. Si les oiseaux ne peuvent détruire qu'en faible partie certains insectes qui, comme les bostriches, se multiplient, dans quelques circonstances, presque à l'infini, ils sont certainement d'une grande efficacité pour la destruction des espèces que nous venons de citer et dont la production n'est pas, à beaucoup près, aussi féconde.

Nous lisons dans *Recueil de la Décade philosophique* ([1]), qu'en 1798 les forêts de la Saxe et du Brandebourg furent attaquées d'une mortalité générale par suite de la multiplication extraordinaire d'un lépidoptère qui rongeait la substance intérieure des arbres. Les naturalistes et forestiers experts attribuèrent cette multiplication à la

([1]) An IX, 3e trimestre.

disparition totale de quelques espèces de pics et de mésanges que, depuis quelques années, les chasseurs ne voyaient plus dans les forêts.

Dans le département du Var où les oliviers se trouvent, depuis un certain nombre d'années, dans un déplorable état, le Conseil général exprimait, l'année dernière, l'opinion qu'on ne parviendrait à délivrer ces arbres précieux des insectes qui les rongent, qu'en interdisant la chasse aux petits oiseaux. En effet, parmi les vingt espèces d'insectes qui s'acharnent contre l'olivier, le plus terrible de ces ennemis est une petite chenille qui cause la chute des olives avant leur maturité. Elle s'introduit dans leur noyau, ronge l'amande et en sort vers la fin d'août par une ouverture pratiquée près du pédicule, puis elle se laisse glisser à terre au moyen d'un fil. C'est pendant qu'elle est suspendue à ce fil que les oiseaux la saisissent.

Il est un moyen que les laboureurs emploient pour purger les terres des larves qui les infestent : ils les retournent par un labour en automne avant les gelées ou en hiver pendant les dégels, moments pendant lesquels le froid n'oblige pas ces larves à s'enfoncer profondément dans la terre. Les corneilles, les bergeronnettes, les lavandières, les traquets viennent se précipiter avec avidité sur cette proie au fur et à mesure qu'elle est mise à découvert par la charrue.

On ne peut pas recourir au même expédient pour les semis et les plantations des pépinières ou des bois dont les larves des tipules mettent à nu les racines : ce sont les hirondelles qui, saisissant en l'air l'insecte parfait, préviennent les destructions que la la larve pourrait faire.

Lorsque des bandes de pluviers et de vanneaux sont venues s'abattre dans un champ de blés verts, ou des bandes de litornes dans une prairie humide à la suite d'une pluie, il y reste peu de ces limaces si funestes aux jeunes plantes et même aux fruits ou de ces vers de terre qui bouleversent par leurs galeries souterraines les semis des plantes délicates. Les étourneaux et les bergeronnettes courant à la suite des troupeaux, les délivrent des taons, des asiles, des stomoxes, des mouches et autres insectes qui les tourmentent. Pendant que les oiseaux de proie nocturnes détruisent la courtillère, cet insecte le plus grand de nos contrées qui, formant des sillons entre deux terres, coupe les racines des végétaux; on voit les petits oiseaux à bec pointu enlever les pucerons et les punaises qui sucent les végétaux et les font languir, les chenilles qui percent et dévorent les boutons des arbres commençant à grossir ou dévastent nos légumes, les criocères et gribouris qui dépouillent de leurs feuilles les arbres et les plantes, le charençon qui infeste le blé, les pois, les lentilles et les diverses substances légumineuses. Les mésanges s'emparent des œufs d'insectes disposés autour des petites branches d'arbres en forme d'anneaux et de spirales; les chardonnerets déchirent les nids de la chenille commune et de la livrée si redoutée des cultivateurs.

Le roitelet lui-même si petit détruit beaucoup de menus insectes et de vermisseaux, soit qu'il les attrappe volants dans l'été, soit que dans l'hiver il les saisisse dans les gerçures des écorces, engourdis ou à demi-morts.

Le rossignol, le rouge-gorge, le pinson et le verdier sont de redoutables ennemis des chenilles. Mais peut-être faut-il placer en tête de ces ennemis le moineau vorace, qui, dans les premiers jours du printemps, lorsqu'il ne trouve ni fruits ni graines pour se nourrir, et qu'il a besoin d'élever sa famille, se livre à l'extermination des papillons, moucherons, vers et chenilles.

Il est reconnu que beaucoup d'oiseaux granivores ne

peuvent vivre que d'insectes dans les premiers temps de leur existence; les jeunes cailles, les jeunes perdrix, les jeunes faisans ne pourraient en être privés sans périr.

Quand le bouvreuil, la mésange, le pinson, épluchent sur les arbres le bouton à fruit et le calice des fleurs, c'est un dommage et un acte de destruction qu'ils semblent commettre. Cependant ils ne dévorent pas les bourgeons. Ce qu'ils y cherchent, n'est-ce pas plutôt l'insecte qui bientôt grandissant aurait fait tomber le fruit avant sa maturité?

Quelque avérés que soient la plupart de ces faits, bon nombre de circonstances pourront encore laisser des doutes dans l'esprit de l'observateur attentif.

Il est bien peu d'animaux qu'on puisse détruire avec la certitude entière qu'ils ne sont pas les destructeurs utiles d'animaux plus nuisibles qu'eux.

Certains oiseaux purgent la terre des reptiles; mais certains reptiles, tels que les lézards et les grenouilles, dévorent des chenilles et diverses chrysalides.

Le guêpier détruit les guêpes, fort nuisibles aux raisins et aux fruits fondants, qu'elles livrent à l'invasion des mouches et des divers insectes; mais les guêpes détruisent beaucoup de jeunes chenilles, qu'elles emportent dans leur nid pour en faire la pâture de leurs larves.

Parmi les mouches que les oiseaux dévorent, quelques-unes détruisent les insectes nuisibles aux bois.

Les grosses chenilles n'ont pas d'ennemis plus acharnés ni plus redoutables que les punaises des bois et des jardins, qui les sucent et les dévorent; ces punaises deviennent la proie de divers oiseaux.

Les existences ont été distribuées dans la nature de manière qu'elles se fissent équilibre par les obstacles qu'elles apportent réciproquement à leur multiplication;

qui serait, en quelque sorte, illimitée pour chacune des classes d'êtres, si elle demeurait isolée.

L'homme, sans détruire cet équilibre, cherche à en modifier les conditions de manière à comprimer les puissances extérieures qu'il redoute et à favoriser l'action de celles qui lui sont soumises. Parmi les espèces animales, il cherche à détruire les unes et il s'étudie à multiplier les autres. Mais la nature lui a imposé des limites qu'il ne saurait dépasser sans inconvénient pour lui-même.

C'est ainsi que les espèces d'oiseaux qui lui servent d'auxiliaires contre les insectes, si elles se multipliaient à l'infini, lui deviendraient plus redoutables que les insectes eux-mêmes. Au reste, la destruction absolue des insectes par les oiseaux, comme la multiplication illimitée des oiseaux, sont deux résultats également impossibles. Les insectes étant totalement détruits, nombre d'espèces d'oiseaux, privées de nourriture, disparaîtraient. S'il est bon qu'il existe des oiseaux pour détruire des insectes, il est indispensable qu'il existe des insectes pour nourrir les oiseaux.

Le problème, dans un grand nombre de circonstances, consiste dans une comparaison à faire entre un mal présent, connu, déterminé, et un avantage futur, éventuel, et qu'on ne saurait déterminer avec exactitude.

Un agronome anglais, Bradley, a prétendu, d'après des observations qui lui étaient personnelles, que, dans le temps des couvées, un couple de moineaux détruit environ 40 chenilles par heure et 420 par jour. Ce calcul étant admis, il reste à éclaircir un point nécessairement obscur, qui est de savoir si cette destruction de chenilles compense les dégâts que ce couple de moineaux et sa famille exerceront sur les fruits mûrs et dans les moissons.

Il est également mal aisé de décider si les larves de

hannetons recueillies en automne par les corneilles causeraient dans les racines des plantes, ou plus tard les hannetons eux-mêmes dans les forêts dont ils dévoreraient les feuilles, plus ou moins de dommages que les corneilles n'en causent dans les semailles, en déterrant, même sans les dévorer, les graines de pois, de haricots, de vesce ou de blé ; si la quantité d'insectes détruits au printemps par les grives, merles et étourneaux peut balancer la quantité de raisins et d'olives qu'ils dévorent en automne ; si les alouettes, en détruisant les insectes ou les semences de plantes agrestes qui étouffent nos blés et infestent nos potagers de leurs produits inutiles ou nuisibles, rendent plus de services qu'elles ne commettent de dégâts en dévorant les bonnes graines dans le temps de la moisson, en détruisant les blés verts, en arrachant dans les terres ensemencées les graines dont la racine est encore frêle et peu pivotante.

Les jugements que l'on peut porter au sujet des qualités utiles ou nuisibles des oiseaux se diversifient selon les temps et selon les lieux, et il nous a semblé que l'on était plus préoccupé dans le nord de la France des services que rendent les espèces insectivores, dans le midi des dommages que causent les espèces granivores et frugivores.

Pour établir les bases des mesures administratives qui pourront concerner les oiseaux, nous émettrons le vœu que, dans les diverses régions de la France, on s'occupe à reconnaître et à constater quelles sont les manières de vivre des différentes espèces selon les lieux, les cultures et les saisons. Ces recherches pourraient être utilement recommandées aux sociétés d'agriculture, dont la plupart des membres sont bien placés pour observer.

Dans l'espoir de faciliter l'étude de cette question, nous

avons composé, d'après les ornithologistes français, le tableau placé ci-dessous, indiquant pour chaque oiseau les êtres ou les productions dont il se nourrit. Sans nous préoccuper des classifications scientifiques, nous avons groupé les espèces de la manière qui nous a paru la plus conforme à notre dessein. Cette division des oiseaux, tirée de leur manière de vivre ou de la différence de leur nourriture, n'a été admise que secondairement dans les systèmes de classification. Buffon a fait voir qu'elle pèche nécessairement, comme trop exclusive, et nous n'ignorons pas que beaucoup d'objections peuvent s'adresser dans les détails à l'application que nous en avons faite. C'était néanmoins le seul mode d'énumération qui pût convenir à l'objet que nous nous proposions, et ce tableau n'est, à nos propres yeux, qu'un essai pouvant servir de point de départ à des observations locales.

OMNIVORES.

CORBEAU NOIR.	Toute nourriture; animaux vivants, tels que jeunes lièvres, lapereaux, petites perdrix; jeunes faisans, jeunes poules, jeunes canards, souris, taupes, œufs de toute espèce, chairs plus ou moins corrompues, insectes, poissons, fruits murs ou pourris, plantes, vers et grains.
CORNEILLE NOIRE.	Voirie, insectes, vers, limaçons, escarbots, œufs d'oiseaux et même petits oiseaux, grains, fruits, noix, mulots, charogne; attaque les levrauts et les lapereaux.
CORNEILLE MANTELÉE.	Grains, insectes, larves, limaçons, grenouilles, poissons, jeune gibier, fruits.
CORBEAU FREUX.	Vers, larves d'insectes, semences, petites racines, campagnols, souris, chenilles, hannetons.
PIE.	Toute nourriture; charogne, vers, limaçons, insectes et larves, œufs et jeunes oiseaux, souris, mulots et même jeunes lapereaux, baies et boutons d'arbres, semences de légumes, pois, fèves.
GEAI.	Glands, cerises, sorbes, groseilles, pois, fèves, raisins, noisettes, œufs de merles, de grives, de perdrix, de faisans et de cailles, jeunes oiseaux et même perdreaux.
PIE-GRIÈCHE.	Gros insectes, sauterelles, hannetons, grillons; œufs de merles, de grives, etc., petits oiseaux; petits quadrupèdes, souris, mulots, musaraignes, taupes, lézards, baies.

CARNIVORES.

Vautour.	Animaux morts, charognes, débris putréfiés : attaque quelquefois les jeunes agneaux et les jeunes chèvres.
Gypaète.	Chamois, bouquetins, jeunes cerfs, agneaux, moutons, veaux; lapins; oies, poules; attaque les grands animaux et les enfants isolés.
Faucon pèlerin.	Pigeons, poules, canards, jeunes oies, poules d'eau, petits oiseaux de plaines ou de bois.
Hobereau.	Grand destructeur d'alouettes, cailles, merles, bruants et gros-becs : grenouilles, mulots, sauterelles, criquets.
Emérillon.	Alouettes, cailles, petits oiseaux, sauterelles, insectes.
Cresserelle.	Souris, mulots, campagnols, lézards, petits oiseaux.
Aigle royal.	Jeunes bêtes fauves, daims, chamois, renards, écureuils, chevreaux, lièvres, oies sauvages, canards, grands oiseaux.
Jean-le-Blanc.	Levrauts, lapins, rats, lézards, mulots, grenouilles; enlève en hiver les volailles et oiseaux de basse-cour.
Balbusard.	Gros poissons, surtout les truites, oiseaux aquatiques.
Pygargue.	Lièvres, chevreuils, cerfs, daims, gros poissons, oies et canards.
Autour.	Levrauts, lapins, perdrix, écureuils, taupes, mulots, souris; fait quelquefois grand carnage de pigeons, jeunes oies et poules.
Epervier.	Grand destructeur de petits oiseaux granivores et même de pigeons, cailles, grives; enlève les appeaux jusque dans les filets des oiseleurs; taupes, souris, lézards, limaçons, insectes.
Milan.	Mulots, taupes, rats, souris, lézards, grenouilles, poissons, oisillons; poursuit les jeunes poussins et les jeunes lièvres.
Buse.	Détruit beaucoup de gibier, levrauts, lapereaux, perdrix, cailles; fait quelquefois grand dégât de poules et de canards dans les métairies; mulots, grenouilles, lézards.
Busard.	En été, oiseaux aquatiques, jeunes poules d'eau, râles, bécassines, canards; au printemps et en automne, cailles, perdrix, alouettes, grenouilles, poissons morts, lézards, mulots, rats, taupes.
Chouette.	Petits mammifères rongeurs, rats, souris, taupes, musaraignes, campagnols, chauves-souris, petits oiseaux, sauterelles, grillons.
Grand-Duc, Chat-Huant.	Détruit beaucoup de gibier, jeunes faons de cerf et de chevreuil, levrauts, lapereaux, perdrix, taupes, mulots, musaraignes, chauves-souris, lézards, serpents, grenouilles, crapauds, scarabées.
Hibou.	Petits rongeurs, souris, mulots, taupes, campagnols, reptiles, petits oiseaux, cigales, grillons, phalènes et autres insectes crépusculaires.

REPTILIVORES.

CIGOGNE.	Grenouilles, lézards, couleuvres, serpents, poissons, vers, petits mammifères, jeunes oiseaux, insectes.
GRUE.	Petits reptiles, grenouilles, petits poissons, insectes, hélices, graines, herbes.
HÉRON.	Poissons, anguilles, grenouilles, frai de grenouilles, rainettes, lézards, sangsues, coquillages, insectes fluviatiles, vers, rats d'eau.

PISCIVORES.

FLAMANT.	Coquillages bivalves, frai de poisson, insectes.
HUITRIER.	Coquillages bivalves, crabes, étoiles de mer, insectes marins, vers.
BIHOREAU.	Petits poissons, grenouilles, limaçons, grillons, insectes.
HARLE.	Toutes espèces de poissons en grandes quantités, reptiles amphibies, insectes aquatiques.
CORMORAN.	Poissons en grandes quantités, surtout les anguilles.
HIRONDELLE DE MER.	Poissons vivants ou morts, insectes d'eau, frai, vers marins, phalènes et autres papillons crépusculaires.
MOUETTE.	Poissons vivants ou morts, frai, vers, insectes marins, coquillages bivalves, charognes.
STERCORAIRE.	Poissons, cadavres de cétacés, vers, mollusques, œufs d'oiseaux, charognes.
PÉTREL.	Poulpes, mollusques, poissons, chair de morse et de cétacés pourris, vers, insectes.
MACAREUX.	Langoustes, crevettes, étoiles et araignées de mer, coquillages, insectes, végétaux.
PLONGEON.	Poissons de mer, harengs, petits merlans, frai d'esturgeons et de congres, chevrettes, insectes, végétaux marins, vers.
GRÈBE.	Petits poissons, frai, coléoptères aquatiques, vers, algues et autres herbes aquatiques.
MARTIN-PÊCHEUR.	Petits poissons, frai, insectes aquatiques, vers, sangsues, limaçons, abeilles.
CYGNE SAUVAGE.	Poissons, surtout les anguilles, grenouilles, sangsues, limaçons d'eau, herbes.
CANARD SAUVAGE, SARCELLE.	Petits poissons, frai, coquillages, vers, vermisseaux, mollusques, limaçons, grenouilles, plantes aquatiques, cresson, cerfeuil sauvage, graines de joncs, lentilles d'eau.

VERMIVORES.

COURLIS.	Vers, insectes terrestres, menus coquillages, limaçons.
ŒDICNÈME CRIARD.	Lombrics, limaçons, vermisseaux, jeunes grenouilles, sauterelles, lézards, mulots, campagnols.
BÉCASSE.	Vers, limaçons, petits scarabées.
BÉCASSINE.	Vers, limaçons, petits scarabées, petits coquillages.
PLUVIER.	Vers de terre, limaçons, insectes d'eau, vermisseaux, larves, plantes herbacées.

VANNEAU.	Vers de terre, vermisseaux, limaçons, araignées, insectes divers, plantes aquatiques tendres.
TOURNEPIERRE.	Insectes, vers, petits coquillages bivalves.
AVOCETTE.	Vers, vermisseaux, très-petits insectes, crustacés, frai de poisson.
ECHASSE.	Frai de grenouilles, vers, vermisseaux, petits insectes aquatiques, mouches, cousins.
BÉCASSEAU.	Vers, petits insectes, frai de poisson, scarabées aquatiques, menus coquillages bivalves.
COMBATTANT.	Vers, insectes, limaces.
CHEVALIER.	Vers, vermisseaux, petits insectes mous, frai, coquillages fluviatiles, mouches.
BARGE.	Petits mollusques, insectes, larves, vers, frai.
RALE D'EAU.	Vers, insectes, limaçons, végétaux aquatiques.
MAROUETTE.	Insectes, petits limaçons, végétaux aquatiques, semences.
POULE D'EAU.	Insectes, vers, semences, végétaux, feuilles de plantes aquatiques.
RALE DE GENÊT.	Sauterelles, scarabées, vers, menues semences, herbes.
FOULQUE.	Insectes aquatiques, plantes, graines, végétaux aquatiques, sangsues.

HERBIVORES-FRUGIVORES.

OIE SAUVAGE.	Semences en herbes, pousses de blés verts, de colzas, trèfle, vesce, chicorée, herbes tendres en général, végétaux aquatiques, petits poissons, vers, insectes.
OUTARDE.	Herbes, verdure, grains, choux, carottes, insectes, vers, limaçons : en temps de neige, écorce des arbres.
COQ DE BRUYÈRE.	Bourgeons et boutons de hêtre, de bouleau, de sapin ; accessoirement graines telles que sarrazin ou vesce et insectes.
GÉLINOTTE.	En hiver, sommités de pins, de sapins, bourgeons de divers arbustes alpestres et préférablement baies, sorbiers, ronces, myrtilles.

GRANIVORES.

ALOUETTE.	Semences, graines huileuses, graines d'herbes, avoine, millet, jeunes pousses d'herbes, insectes, larves, sauterelles.
MÉSANGE.	Semences oléagineuses, de chanvre, de tournesol, de chardon, graines résineuses, noix, amandes tendres ; insectes, larves d'insectes, œufs de lépidoptères, petites chenilles rases, punaises des bois, araignées, petits hannetons ; pince les bourgeons des arbres fruitiers.
BRUANT, ORTOLAN, PROYER, ZIZI.	Graines farineuses, millet, chènevis, surtout l'avoine, insectes, chenilles.
BEC-CROISÉ.	Semences du pin, de l'aulne et du cormier, noyaux de fruits, bourgeons d'arbres ; lacère les fruits des pommiers et des poiriers pour en extraire les pépins.

Bouvreuil.	Plusieurs sortes de baies et de graines, bourgeons du bouleau, de l'aulne, du tremble, du chêne, du marsaule ; boutons d'arbres fruitiers.
Gros-bec.	Fruits et semences d'arbres sauvages ; graines de sapin, de pin, de hêtre ; semences de charme, de platane ; amandes de cerises, de noisettes, d'alizes ; ébourgeonne les arbres à fruits : pour les jeunes, beaucoup d'insectes et de chrysalides.
Verdier.	Différentes graines, chènevis ; en hiver, baies de genièvre, insectes, chenilles, fourmis, sauterelles ; pince les bourgeons des arbres, entr'autres ceux du marsaule.
Moineau.	Semences, froment, fruits mous et de primeur, cerises, raisins, groseilles, jeune salade, chenilles, sauterelles, vers, scarabées, abeilles de ruches.
Friquet.	Graines, froment, surtout le millet, baies et fruits mous, beaucoup d'insectes et de chenilles.
Pinson.	Petites graines d'épine blanche, de pavot, de bardane, de plantain, de rosier, surtout faînes, navette, chènevis, mil, panic, avoine ; pour les jeunes, chenilles et insectes.
Pinson d'Ardennes.	Diverses graines, surtout des faînes ; se plaît à attaquer les bourgeons des arbres fruitiers.
Linotte.	Divers petits grains, lin, ramberge, alpist, millet, rabette, orge ; ébourgeonne les tilleuls, les peupliers et les chênes.
Tarin.	Semences de chanvre, d'aulne, de houblon, de sapin, d'orme, de ronce, de chardon, de seneçon ; pince les fleurs des pommiers et des arbres fruitiers.
Chardonneret.	Semences de chardon, graines de chicorée sauvage, de mouron, de seneçon, de millet.
Ramier.	Graines, semences, noix du hêtre, glands des grands chênes, jeunes pousses des plantes.
Biset.	Grains de toute espèce, graines d'arbres résineux, glands, faînes, baies ; en temps de neige, feuilles de choux.
Tourterelle.	Toutes sortes de graines et de semences, chènevis, blé noir, colza, surtout la graine de ramberge.
Faisan.	Graines, semences, baies, bourgeons, gros insectes, limaçons, vers.
Perdrix.	Graines de toutes espèces de plantes, surtout blé, sarrazin, millet, orge, avoine, épeautre, feuilles tendres des céréales, gazon, herbes, baies de genièvre, raisins, vers, insectes, chrysalides, fourmis.
Caille.	Toutes sortes de grains, blé, millet, chènevis, herbes vertes, beaucoup d'insectes et de vers de terre.

INSECTIVORES.

Hirondelle.	Insectes ailés saisis au vol.
Martinet.	Insectes ailés, fourmis ailées.
Engoulevent.	Hannetons, guêpes, bousiers, toutes sortes de papillons et surtout les phalènes.
Pic.	Fourmis, larves d'insectes tels que lucanes, capricornes, saperdes ; abeilles ; en hiver, semences, noix et noisettes.

Coucou.	Divers insectes, chenilles velues, limaçons, phalènes, hannetons, œufs d'oiseaux.
Torcol.	Insectes et leurs larves, fourmis.
Grimpereau.	Punaises et insectes de bois, larves et cocons ; quelques semences d'arbres résineux.
Huppe.	Vermisseaux, fourmis, courtilières, frai de grenouilles, chrysalides, vers à soie, divers insectes aquatiques.
Gobe-Mouche.	Mouches et moucherons saisis au vol ; quelquefois fruits du sureau et de la ronce.
Guêpier.	Beaucoup de guêpes et d'abeilles, mouches, cousins ; sauterelles, hannetons, cigales ; en hiver, graines de plusieurs plantes.
Pipit.	Insectes, vermisseaux, hannetons, sauterelles ; différentes semences, surtout la graine de mercuriale annuelle.
Bergeronnette.	Mouches, moucherons, phalènes, cousins, chenilles, mille-pieds, limaçons, petits vers, insectes d'eau.
Traquet.	Insectes, vermisseaux, petites chenilles, petites larves, petits coléoptères, mouches, sauterelles, abeilles, petites baies sauvages.
Roitelet.	Petits insectes et leurs larves, vermisseaux, chrysalides, mouches, araignées ; quelquefois petites baies et petites graines de fenouil et d'arbres verts.
Fauvette de marais et de roseaux, becs-fins riverains.	Petits insectes des bords des eaux, mouches, cousins, taons, demoiselles, éphémères, tipules, petits hannetons, petits vers, petits limaçons, petites baies.
Rossignol.	Mouches, chenilles, petites phalènes, œufs de fourmis, vers de terre, petites baies, principalement celles de sureau.
Fauvette a tête noire.	Insectes ailés, larves, chenilles, baies de lauréole, de lierre, du sureau, du groseiller, petits fruits de la bourdaine et du cormier.
Fauvette commune et babillarde.	Vermisseaux, toutes sortes d'insectes, vers, chenilles, fruits mous, groseilles, baies de sureau.
Fauvette grisette.	Mouches, moucherons, petits scarabées, larves, chenilles rases.
Rouge-gorge.	Vermisseaux, mouches, cousins ; en automne, baies tendres, de mûres et surtout d'alises.
Gorge-bleue.	Mouches, gros moucherons, larves d'insectes, vermisseaux, baies, surtout celles du sureau.
Rossignol de murailles.	Insectes, mouches, araignées, chrysalides, petites baies, figues.
Pouillot.	Mouches, moucherons, chenilles, hannetons, poux des bois, petites araignées.
Merle et Grive.	Chenilles, scarabées, sauterelles, limaçons, vers de terre ; petits fruits mous, cerises, raisins, baies et graines de genévrier, d'épine noire et blanche, de lierre, de gui, d'alisier, myrtille, pommes, surtout lorsqu'elles sont pourries.
Etourneau.	Insectes, vers, larves, limaçons, fruits pulpeux, raisins, olives, figues, diverses graines ; quelquefois des petits rongeurs.

LORIOT.	Chenilles, larves, surtout baies et fruits tendres, cerises, figues, raisins.
SITTELLE-TORCHEPOT.	Insectes, noisettes, graines de chanvre et de tournesol.

Nous devons maintenant examiner par quels moyens l'administration pourra prévenir, s'il y a lieu, la destruction des oiseaux.

Le législateur, en s'exprimant en termes indéterminés, a paru annoncer lui-même que la question à ses yeux était posée plutôt que résolue. Quelques esprits, considérant que les règles applicables à la chasse du gibier ordinaire et à celle des oiseaux de passage se trouvent dans les autres parties de la loi, ont été conduits à cette interprétation singulière du paragraphe de l'art. 9 dont il s'agit, que l'on y avait eu en vue une classe d'oiseaux qui ne pouvaient être considérés ni comme gibier ni comme oiseaux de passage, et l'on en a tiré la conséquence que certains oiseaux sédentaires, tels que le moineau, pouvaient être chassés en tout temps, lorsqu'il n'avait été pris aucune disposition par les préfets pour en interdire la destruction. La Cour de Cassation a fait justice de cette interprétation, et il est bien reconnu [1] qu'il n'y a pas de chasse aux oiseaux qui puisse avoir lieu en dehors des termes généraux de la loi concernant les modes de chasse ordinairement autorisés ou des conditions déterminées par les arrêtés des préfets pour la chasse des oiseaux de passage.

Il dépend en effet du préfet, usant du droit que la loi lui a conféré, de désigner un oiseau quelconque comme oiseau de passage ; et si les habitudes exclusivement sédentaires du moineau faisaient hésiter à le classer dans cette catégorie, la faculté de le chasser pourrait être rapportée à celle de détruire les animaux nuisibles. Il n'existe aucun oiseau qui ne puisse être rangé dans l'une

[1] Arrêt du 30 mai 1845.

de ces trois catégories : gibier, oiseaux de passage, animaux nuisibles.

Quelques préfets ont cru que le but du paragraphe dont il s'agit était l'interdiction de certains modes ou procédés de chasse qui s'appliquent particulièrement aux petits oiseaux, tels que la chasse à l'abreuvoir, qui se pratique en effet dans l'époque où les oiseaux sont encore jeunes, et qui sévit principalement sur les chanteurs insectivores, ou la pipée, qui frappe indistinctement roitelets, rouges-gorges, mésanges, pinsons, geais, pies, merles, verdiers, fauvettes, linots. Mais il nous semble entièrement superflu de prendre des arrêtés pour cette sorte d'interdiction, attendu qu'elle résulte suffisamment de la prohibition générale des filets et engins.

Nous croyons que l'intention du législateur a été de donner aux préfets la faculté d'interdire une sorte de chasse, celle qui consiste à rechercher et à détruire les nids d'oiseaux, c'est-à-dire d'appliquer à l'égard de toutes les espèces d'oiseaux le principe consacré par l'art. 11 de la loi, prononçant une peine contre ceux qui auront pris ou détruit sur le terrain d'autrui des œufs ou couvées de faisans, perdrix ou cailles.

L'ordonnance d'août 1669, tit. XXX, art. 8, défendait à toutes personnes de prendre dans les forêts, garennes, etc., et plaisirs du roi, les aires d'oiseaux, de quelque espèce qu'ils fussent, et en tous autres lieux, les œufs de cailles, perdrix et faisans. On comprend, d'après l'art. 9 déclarant les sergents responsables de la conservation des aires d'oiseaux, que le but de cette disposition était d'assurer la conservation de la chasse dans les plaisirs du roi.

Les cahiers des charges des locations de la chasse dans les forêts de l'Etat renouvellent, mais à cause de l'intérêt des forêts, cette même prohibition, en exceptant les nids des oiseaux de proie.

A vrai dire, la disposition de la loi a été suggérée par les arrêtés que des préfets avaient cru bon de prendre, afin d'empêcher l'enlèvement des nids. Ces arrêtés se rapportaient principalement aux espèces qui reçoivent la dénomination générique d'oiseaux de chant et de plaisir, et qui comprennent la plupart des becs-fins ou insectivores, et quelques granivores, tels que chardonnerets, linottes, pinsons, verdiers, bruants jaunes, tarins, alouettes-lulu, bouvreuils.

C'est à l'égard de ces espèces qu'un ancien règlement sur l'oisellerie avait ordonné de respecter les couvées [1].

Il a été pris depuis une année, par les Préfets, un assez

[1] Règlement de la Table de Marbre, du 13 avril 1600, art. 2 :

« Et d'autant que tous oyseaux commencent à s'accoupler dès la fin » de février pour faire leurs nids et les femelles sont extrêmement » œugnes dès la my-mars et demeurent en amour jusques à la my- » août, et que ce serait perte et dommage en prenant l'un des oiseaux » pendant ledit temps, d'être occasion à l'autre d'abandonner son nid, » œufs et petits, défenses sont faites à toutes personnes, quelques » congé et permissions qu'elles aient, de chasser et tendre depuis la » my-mars jusqu'à la my-août auxdits menus oiseaux de chant et de » plaisir des années précédentes; ains seulement les jeunes de l'année » en âge compétent pour nourrir, et pourront être prins et dénichés ès » nids et aires, estant ès forêts, buissons, parcs et garennes du roy, » par congé et permission des officiers en ayant la charge, et en celle » des seigneurs ou ès clostures et héritages des particuliers, proprié- » taires, par leur congé ou permission. »

— Le *Deutéronome*, chap. XXII, ℣℣. 6 et 7, avait dit dans le même sens : « Si un nid d'oiseaux se présente devant toi dans un » chemin, sur quelque arbre ou sur la terre, des poussins ou des » œufs, et la mère couvant les poussins ou les œufs, tu ne prendras » pas la mère par-dessus les petits, mais tu laisseras aller la mère et » tu prendras les petits pour toi, afin que tu prospères et que tu pro- » longes tes jours. » *Traduction de Cahen.*

grand nombre d'arrêtés portant interdiction d'enlever les nids, œufs ou couvées d'oiseaux, à l'exception de ceux des espèces regardées comme nuisibles, telles que oiseaux de proie, geais, pies, moineaux.

Cependant, beaucoup de Préfets et de Conseils généraux ont cru qu'il n'y avait lieu à établir des règlements à l'effet de prévenir la destruction des oiseaux, soit que la réalité de la diminution des espèces soit demeurée douteuse à leurs yeux, soit qu'ils aient cru avoir fait assez en restreignant l'usage des filets, lacets et autres moyens puissants de destruction, soit que le nombre des couvées qui peuvent être détruites au nid leur ait semblé de trop faible importance, soit enfin que l'élévation des amendes les ait fait hésiter à prendre une mesure dont l'effet sera de faire condamner à une forte somme le malheureux paysan dont le jeune enfant aura déniché un nid de moineaux dans un buisson.

Il n'y aurait pas, nous le croyons, d'inconvénient grave à établir, comme mesure permanente, que l'enlèvement des nids et couvées sera interdit dans les bois et forêts. Cela suffira pour la protection d'un nombre considérable d'oiseaux.

Une interdiction plus générale devrait être purement momentanée. Si l'on croit utile de mettre obstacle aux causes de diminution du nombre des oiseaux, afin que leur multiplication puisse s'opérer jusqu'aux limites assignées par les ressources de la nature, nous croyons que la disposition préférable à toutes autres est l'interdiction ou la suspension temporaire de l'usage des engins et filets destructeurs.

§ VI. *Emploi des chiens lévriers.*

La prohibition de l'emploi des chiens lévriers pour la

chasse du gibier est un des principes généraux de la loi. En effet, dans les pays de plaines, ces animaux, grâce à l'impétuosité de leur course, dépeuplent en peu d'instants tout un canton. Grands destructeurs de lièvres, soit qu'ils les prennent, soit qu'ils les perdent, ils causent, ainsi que les chasseurs qui les suivent à cheval, des ravages considérables dans les champs cultivés.

Des chiens lévriers ont été autrefois employés dans les grandes chasses du loup et même du sanglier. Ils servaient à arrêter le loup dans les endroits découverts, par exemple, au bord des bois pendant qu'on y chassait dans l'intérieur avec des chiens courants.

Le législateur n'a pas voulu empêcher qu'on employât, s'il y avait lieu, des lévriers à la poursuite et à la destruction des animaux malfaisants. Mais il paraît que la race de ces grands lévriers qu'on appelait lévriers d'attaque, qui venaient d'Irlande et d'Ecosse et dont on se sert encore en Russie et en Pologne, n'existe plus en France.

Les chiens lévriers qui y sont généralement connus, trop faibles contre le loup et le sanglier, ne peuvent atteindre le renard, toujours caché dans les fourrés, parce qu'étant à peu près privés d'odorat ils ne chassent qu'à vue et abandonnent la bête dès qu'ils cessent de la voir.

On ne peut d'ailleurs en tirer aucun service dans les pays accidentés et montueux.

De toutes parts, les délibérations des conseils de département attestent que l'emploi de ces chiens pour la destruction des animaux malfaisants, est à peu près universellement inconnu. Un seul de MM. les Préfets, celui des Bouches-du-Rhône, a admis, par une disposition de son arrêté, que cet emploi serait possible.

Nous voyons, à la vérité, que le nouveau cahier des charges des locations de la chasse dans les forêts domaniales, article 20, a prévu le cas où les adjudicataires emploieraient, pour la destruction des lapins, même des chiens lévriers, lorsque l'emploi de ces chiens aurait été autorisé par les arrêtés des Préfets. Il nous semble que cette autorisation devra être rarement donnée; car autant les lévriers sont propres à s'emparer des lapins dans les lieux découverts, autant ils le sont peu dans les bois, où leur grande taille, aussi bien que leur odorat, ne leur permet pas de suivre ces animaux dès qu'ils gagnent un fourré; ils ne seraient utiles qu'à la manière des bassets ou des chiens d'arrêt pour faire fuir les lapins vers leurs terriers.

L'abus viendrait promptement à la suite de l'usage, quel qu'en fût l'objet : autoriser l'usage des chiens lévriers, ce serait encourager implicitement la destruction des lièvres.

Ce paragraphe de l'article 9 de la loi, semble donc à peu près sans objet.

Quant aux lévriers croisés, il a été convenu pendant la discussion de la loi au sein de la chambre des députés, qu'ils étaient compris dans la prohibition générale; ces lévriers sont en effet plus nuisibles que les autres, attendu qu'ils joignent à la rapidité de la course la finesse de l'odorat.

§ VII. *Chasse pendant les temps de neige.*

Ce serait en vain qu'on aurait combiné la loi dans toutes ses dispositions de manière à favoriser la reproduction du gibier, si l'on n'interdisait pas la chasse en temps de neige. Cette chasse est en effet plus destructive et plus meurtrière que toutes les autres à la fois. La perdrix et le lièvre laissent sur la neige la trace de leur passage qui les trahit même de fort loin aux yeux du chasseur et du chien. En outre il est aisé d'attirer les oiseaux sur un même point de la plaine par un dépôt de graines et de menues pailles ; on s'en approche soit dans une voiture dont la vue n'est pas habituellement pour eux un sujet d'inquiétude, soit en se revêtant d'habits blancs : les animaux engourdis par le froid, affaiblis par le manque de nourriture, arrêtés dans leur fuite par la neige entassée, échappent difficilement aux chasseurs, d'autant plus nombreux dans ce temps, que la chasse y est plus facile et que les travaux de l'agriculture sont en partie interrompus : le chien et le bâton suffisent pour la capture des lièvres, et des compagnies entières de perdrix sont détruites d'un seul coup de fusil.

On a généralement reconnu, dans les pays de plaine, qu'il y avait lieu d'interdire la chasse, toutes les fois que les terrains étant uniformément couverts gardent l'empreinte des pas et permettent de retrouver la trace d'un homme ou d'un animal. Toutefois le Conseil général des Landes n'a pas adhéré à cette interdiction, se fondant sur ce que la neige ne tombe pas sur le territoire de ce département en assez grande abondance pour former une couche qui persiste pendant plusieurs jours, et que d'ailleurs les jours où il tombe de la neige sont ceux où les bécasses se font voir en très-grand nombre dans les parties boisées des Landes.

Cette exception locale n'est pas la seule exception, et il y en a plusieurs dont l'application peut avoir lieu d'une manière générale.

Une première est relative aux rivages de la mer, aux grèves et aux falaises : les motifs sur lesquels on la fonde ont été donnés plus haut, à l'occasion de la chasse des oiseaux de passage.

Une autre concerne les bois et forêts dans lesquels en

effet la chasse en temps de neige n'offre pas, à beaucoup près, autant d'inconvénients que dans les plaines. D'abord, en général, la chasse y est louée ou gardée au profit du propriétaire; le gibier, par conséquent, n'y est jamais poursuivi jusqu'à entière destruction. D'un autre côté, comme les chiens courants perdent, en grande partie, sur la neige la faculté de l'odorat, sitôt que le froid devient un peu intense, la recherche à la piste ne leur est pas aussi facile dans les bois où ils perdent de vue le gibier, que dans les plaines; quant au petit gibier, les couverts lui permettent d'échapper à la poursuite du chasseur. Dans le plus grand nombre des départements, la faculté de chasser pendant la neige a été maintenue pour les bois et forêts, et l'on a admis ordinairement qu'elle s'exercerait par tolérance dans un rayon de quelques dizaines de mètres en dehors de leur enceinte.

La situation des pays de montagnes a donné lieu à des considérations divergentes. Il est certain que pour les régions un peu élevées, où la neige se prolonge beaucoup et dure même la plus forte partie de l'année, suspendre la chasse pendant ce temps, ce serait l'interdire d'une manière absolue. Aussi voyons-nous que dans le département des Vosges, cette suspension s'applique exclusivement à la plaine. Le Conseil général de la Lozère a également voulu qu'on en exceptât les cantons les plus froids et dans lesquels la neige règne pendant une partie de l'hiver. MM. les Préfets de l'Ariège et des Hautes-Pyrénées ont essayé d'éluder la difficulté en se bornant à interdire, pour le temps de neige, la chasse du lièvre et de la perdrix. On a proposé, dans un département, de prononcer l'interdiction seulement pour un certain nombre de jours après la chute de la neige; c'est en effet surtout dans les premiers moments de neige que le gibier se laisse tirer avec facilité ; les lièvres, les lapins et les perdrix éprouvent alors une sorte d'étonnement et de stupeur qui les empêche de fuir ou de se cacher; mais l'instinct de la conservation ne tarde pas à reprendre le dessus. Le Conseil des Hautes-Alpes, préoccupé de la rareté du gibier dans ce département, a cru que le meilleur parti à prendre était d'interdire la chasse d'une manière absolue, pendant la saison où d'ordinaire la terre est couverte de neige, et il a émis le vœu que la chasse, ouverte au 1er septembre seulement, fût fermée dès le 1er décembre.

Le problème devient surtout embarrassant lorsque, dans un territoire limité en étendue, il se trouve à la fois, comme dans l'ancienne Alsace, des hauteurs qui gardent leurs neiges jusqu'à l'approche de l'été, plusieurs points de ces hauteurs dont les surfaces battues par les vents ne blanchissent jamais, des versants qui ne se découvrent pas depuis le mois de novembre jusqu'au mois de mars, enfin une vaste plaine en vallée que la neige couvre et découvre tour-à-tour. Le Conseil général du Haut-Rhin, après avoir déclaré que l'interdiction, dans certaines contrées du département, équivaudrait à une prohibition absolue, a regardé comme trop difficile de déterminer, pour les diverses contrées, les conditions de cette interdiction, et il a émis l'opinion qu'il serait peut-être plus sage de s'abstenir de toute disposition à cet égard. Celui du Bas-Rhin a pensé de même que la différence entre les localités de ce département rendrait impossible l'application générale d'un arrêté, et qu'on ne saurait y définir précisément ce qu'il faut entendre par temps de neige. Le Conseil de la Côte-d'Or a exprimé également l'opinion que l'interdiction de la chasse pendant ce temps pourrait têre inutile ou désavantageuse, à cause sans doute de la grande variété de surfaces que présente le territoire de ce département.

Quant à la chasse des animaux malfaisants et nuisibles, elle a été nécessairement réservée. La neige est le temps le plus favorable pour cette sorte de chasse, en ce que les refuges de ces animaux sont plus faciles à apercevoir. C'est presque uniquement dans ce temps que les battues au bois pour la destruction des loups, renards et sangliers, présentent de l'utilité et sont suivis de résultats, et c'est alors aussi qu'il est le plus indispensable de poursuivre ces animaux, parce qu'étant pressés par la faim, ils s'approchent des habitations.

La chasse du gibier d'eau dans les marais et sur les étangs, fleuves et rivières a été généralement exceptée de la prohibition. C'est en effet pendant les grands froids et surtout lorsque la neige tombe, que l'on chasse avec le plus de succès les canards, les oies sauvages et en général les oiseaux d'eau, qui sont, pour la plupart, ainsi que nous l'avons vu, des oiseaux de passage. Interdire cette sorte de chasse en temps de neige, ce serait la réduire à ses époques les moins favorables.

Une semblable réserve a été admise dans quelques départements pour la chasse des grives et des alouettes, mais seulement avec filets et lacets.

Conclusion.

Une loi était nécessaire pour réprimer le braconnage : cette loi ne devait pas seulement mettre obstacle à la destruction illégale du gibier ; elle devait surtout prévenir les atteintes à la propriété et empêcher les violations de domicile que la jurisprudence, dans les circonstances même les plus graves, réduisait à de simples délits de chasse.

Il était à craindre que, passant d'un extrême à l'autre, comme il arrive trop souvent, le législateur ne sût porter remède au braconnage qu'en surchargeant la chasse d'entraves onéreuses.

Cette tendance devait rencontrer des adversaires nombreux dans le sein de la Chambre des députés ; et en effet, si le haut prix du permis de chasse, la gravité des peines, le grand nombre de délits prévus trouvèrent grâce devant la majorité de cette chambre, ce fut en considération de l'utilité de la loi pour la police et le bon ordre général, et parce qu'il fut bien entendu qu'elle respecterait les habitudes locales concernant les chasses des oiseaux de passage, celle du gibier d'eau, et le droit de destruction des animaux malfaisants.

Quoique les instructions ministérielles aient été conçues de manière à donner les lumières indispensables pour appliquer avec exactitude les dispositions de la loi, la première exécution n'en a pas été partout facile, ni suffisamment uniforme. Quelques arrêtés n'ont pas assez tenu compte de la nature des choses; des poursuites judiciaires en ont été la suite, et des condamnations inattendues ont donné aux textes de la loi les plus larges interprétations.

Les conserves de gibier destinées à figurer en temps prohibé sur les tables de luxe ou à servir d'aliment aux navigateurs pendant les longues traversées ont été assimilées au perdreau nouvellement tué par le braconnier.

Pendant un long hiver, la neige est venue, à plusieurs reprises, donner lieu à des saisies de gibier mis en vente ou transporté et les magistrats furent obligés de rechercher si le gibier avait été pris, ou tué, ou transporté, ou vendu pendant les heures où il y avait de la neige sur la terre.

Plusieurs arrêts très-sages de la Cour de Cassation ont heureusement mis un terme à ces interprétations qui donnaient à la loi un caractère bizarre et vexatoire.

Cette Cour a décidé [1] que les articles 4 et 12 de la loi qui défendent et punissent la mise en vente du gibier pendant le temps où la chasse n'est pas permise, ne s'appliquent pas aux conserves de gibier, non plus qu'aux préparations analogues qui ne sont pas destinées à une consommation prochaine.

Elle a décidé encore [2] que la vente du gibier n'est jamais interdite en temps de neige, alors même que la chasse est suspendue pendant ce temps, attendu que le temps prohibé dont il est question dans l'article 4 se reférant à l'article 3, est celui qui s'écoule entre les arrêtés de clôture et d'ouverture de la chasse et non le temps de neige pendant lequel la chasse peut se trouver momentanément suspendue dans certaines localités.

Un petit nombre d'autres arrêts sont venus encore décider plusieurs questions importantes. Par des interprétations larges et libérales, ils ont dissipé la majeure partie les préventions qui s'étaient élevées en indiquant le véritable esprit qui devra présider à l'application de la loi.

La Cour de Cassation a implicitement établi que la destruction des animaux malfaisants est un droit naturel qui, envisagé en lui-même, ne comporte aucune restriction. Elle a, dès à présent, consacré la doctrine que nous avons développée relativement à la faculté de repousser et de détruire les bêtes fauves, en décidant [3] que les piéges qui, d'après leur structure, ne paraissent pas des-

(1) Arrêt du 21 décembre 1844.

(2) Arrêts du 22 mars et du 18 avril 1845.

(3) Arrêt du 15 octobre 1844.

tinés à la capture du gibier, mais à celle des animaux tels que les fouines et belettes qui dévastent les dépendances des habitations rurales, peuvent être employés sans déroger à l'article 9 de la loi, quoiqu'il n'ait été pris par le préfet aucun arrêté pour déterminer les conditions du droit de détruire les animaux malfaisants et nuisibles.

Aucune disposition de la loi n'avait soulevé des plaintes plus générales, que celle dont l'effet paraissait devoir être d'astreindre à l'obligation d'un permis, toutes les personnes indistinctement qui font métier des petites chasses. Un arrêt de la Cour de Cassation a notablement atténué le motif de ces plaintes.

Bien que le permis de chasse soit personnel, il a été reconnu (1) que l'obligation de s'en pourvoir, imposée à tout individu qui procède à un fait de chasse, ne saurait s'étendre au cas où ce fait est de telle nature, que le concours de plusieurs personnes salariées ou non est indispensable à son accomplissement. Dans ce cas, la nécessité du permis ne doit être envisagée que dans son rapport avec un seul fait de chasse et un chasseur unique, dont les auxiliaires forcés ne font avec lui qu'une seule et même personne. Ces auxiliaires n'ont pas besoin d'être pourvus d'un permis de chasse personnel, lorsque le chasseur qui les emploie en est lui-même porteur.

Admettrons-nous le reproche fait à la loi de favoriser l'inégalité et d'avoir exclusivement disposé dans l'intérêt de la grande propriété, lorsque nous envisagerons que le propriétaire ne peut transporter ou vendre le gibier tué dans son parc, en dehors du temps où le transport et la vente de toute espèce de gibier sont permis à tous les citoyens? Cette entrave si grande n'est pas la seule. On avait prétendu que l'exception consacrée par l'article 2,

(1) Arrêt du 8 mars 1845.

rendait licite l'emploi, dans les propriétés closes, de toutes espèces de filets et engins pour la capture du gibier. La Cour de Cassation a pensé (1) qu'une exception ne pouvait être étendue au-delà de ses termes et prévaloir, par voie d'induction, sur une disposition générale et de droit commun. La loi du 3 mai 1844 ayant eu essentiellement pour objet de mettre un terme au braconnage et de prévenir la destruction du gibier, a reproduit dans un intérêt d'ordre général, plusieurs des prohibitions que l'ancienne législation avait établies dans un intérêt de privilége; elle a assimilé la détention des engins prohibés au délit résultant de leur emploi, et en conséquence, par son article 12, frappé l'un et l'autre fait de la même peine; autrement, il aurait fallu réputer licite l'usage des instruments de chasse, dont la simple détention est qualifiée délit, et attribuer dans un cas, au principe de l'inviolabilité du domicile, des conséquences que, dans un cas plus favorable, elle n'a point admises. Il s'ensuit que le propriétaire ou possesseur ne pourra, dans sa propriété close, se servir de filets et engins autres que ceux dont les préfets auront autorisé l'emploi, conformément à l'article 9.

Grâce à ces décisions et à l'exacte appréciation des délits qui doit en être la conséquence, l'exécution de la loi peut devenir régulière autant qu'uniforme. Les bons effets qu'elle produira doivent surtout dépendre des règlements que les administrations sont appelées à établir.

Suspendre la chasse dans l'époque où les espèces se reproduisent, c'est une loi que l'ordre même de la nature a révélée à tous les peuples et que les religions ont consacrée depuis les temps reculés, en recommandant l'abstinence de viande et d'œufs au commencement du printemps. La loi civile ne fait que continuer l'œuvre de la loi religieuse.

(1) Arrêt du 26 août 1845.

Peut-être le législateur aurait-il pu, sans froisser aucun intérêt important, abolir l'usage d'une époque particulière d'ouverture et de clôture de la chasse pour chacune de nos circonscriptions administratives. Il n'est pas, selon nous, d'obstacle naturel, il n'est pas de raison sociale qui puissent empêcher que la France entière ait une seule et même date pour l'ouverture et pour la clôture de la chasse dans tous les départements.

Une expérience de peu d'années fera, nous le croyons, prévaloir cette idée et fera connaître quelle date on devra préférer, ce qui pouvait être une difficulté. Il ne faut pas que la prohibition du transport du gibier dans le temps où la chasse n'est pas permise, disposition si essentielle et qui est comme la véritable base de la loi, contrarie dans l'application tous les principes de notre organisation politique, en nous reportant à l'époque où les divisions du royaume étaient autant de royaumes distincts que régissaient des lois particulières.

Cette mesure n'entraînera pas d'inconvénients réels, pourvu que les administrations départementales fassent un usage à la fois libéral et modéré de la faculté qui leur est donnée de maintenir, dans les diverses époques de l'année, les chasses des oiseaux de passage et du gibier d'eau.

S'il a été utile que la loi sur la chasse fût restrictive dans l'intérêt de l'ordre général, du respect des propriétés et de la reproduction du gibier indigène; si l'on a dû s'efforcer de prévenir les facilités que le braconnier pourrait trouver à convertir un exercice et un passe-temps en un prétexte de vagabondage et de paresse, il ne sera pas moins nécessaire d'assurer un essor assez étendu, soit aux chasses des oiseaux de passage, bienfait que la Providence a destiné à tous et dont il est juste que tous profitent dans le temps opportun, soit à la chasse du gibier d'eau qui, limitée convenablement, n'a d'inconvénient ni pour l'ordre public ni pour la reproduction.

Détruire les espèces nuisibles, multiplier les espèces utiles, ce sont deux moyens qui tendent à une même fin, le bien-être de l'homme.

Le droit de se délivrer des animaux malfaisants ne comporte, en principe, aucune restriction; mais on ne doit l'exercer qu'avec les précautions réclamées par l'intérêt de la société.

A l'égard des petits oiseaux, peuplades intéressantes qui nous dédommagent par la grande quantité d'insectes dont ils nous délivrent de la faible quantité de graines utiles qu'ils nous enlèvent, les administrations pourront mettre en action le précepte antique portant recommandation de respecter la mère et sa couvée.

Quand ces mesures auront été prises avec une intelligence saine des besoins généraux et d'après une appréciation exacte des besoins locaux, on cessera de prétendre que la loi sur la chasse est une loi d'inégalité et de rigueur, et l'on reconnaîtra qu'elle est une loi de protection sage de l'intérêt social, fondée sur les lois de la nature.

MODES ET PROCÉDÉS

QUI PEUVENT ÊTRE AUTORISÉS POUR LES CHASSES DES OISEAUX DE PASSAGE ET POUR LA DESTRUCTION DES ANIMAUX MALFAISANTS ET NUISIBLES.

FILETS, TRÉBUCHETS, LACETS, PIÉGES.

Appeau. C'est un sifflet d'oiseleur qui sert à attirer les oiseaux, en contrefaisant le son de leur voix. Il y a pour chaque espèce un appeau particulier.

Appelant. C'est l'appeau naturel, l'oiseau élevé et conservé en cage pour appeler, par ses cris, ceux de son espèce et les faire tomber dans les piéges.

Aragne, Araigne, Araignée, Aragnol, Iragnon. Pl. 1, fig. 2. Le plus ordinairement, on désigne par le nom d'araigne une pantière de fil très-fin, au point d'être pour ainsi dire invisible, qui se tend de manière à n'être retenue qu'autant qu'il est nécessaire pour en soutenir le poids et à se précipiter par l'impulsion que lui donne l'oiseau quand il se jette dedans; l'oiseau s'y trouve enveloppé comme la mouche dans la toile de l'araignée.

Dans quelques pays, on appelle araigne le filet que nous appelons tramail. L'aragnol est un filet à mailles serrées et à poches : c'est celui dont on se sert pour la chasse à la *thèse* qui est particulière à la Provence. La thèse est une longue allée bordée d'arbustes choisis parmi ceux dont les fruits sont recherchés par les oiseaux. On réserve au milieu un espace, en forme de croix, qui reçoit le filet tendu verticalement en travers de l'allée. Plusieurs personnes s'avançent de l'une des extrémités de la thèse vers le milieu, en jetant de la terre ou du gravier à travers les arbres ; les oiseaux effrayés se jettent dans le filet.

Assommoirs. Pl. 3, fig. 2, 3, 4. Ces trois sortes de piéges sont analogues par leurs effets. L'animal, posant le pied sur une marchette ou planchette, fait échapper une détente ; aussitôt la pierre perdant son support, ou la massue cédant au ressort, assomme l'animal par le corps ou par la tête.

Cabucière. Voyez le mot *tramail*.

Cédades ou Cédasses. On appelle ainsi en Gascogne et en Béarn des lacets en crin.

Esclancon ou Esclangon. C'est le nom qu'on donne dans quelques parties du Midi au piége désigné plus généralement sous les noms de *raquette* ou *sauterelle*. On l'appelle encore dans ces mêmes pays *arquet*.

Filets. Une observation qui s'applique à tous les filets, c'est qu'il est indispensable de les teindre d'une couleur analogue à celle des lieux où ils doivent servir, afin qu'ils soient moins apparents. Les couleurs sont : le vert pour les prés et les arbres au printemps ; le jaune pour les chaumes ; la feuille morte, pour les bois, haies et buissons à la fin de l'automne et en hiver.

Plusieurs préfets ont réglé les dimensions à donner aux mailles des divers filets, selon l'emploi que l'on en doit faire.

Tout emploi de filets étant interdit désormais pour la capture des cailles par la loi elle-même, nous n'avons fait qu'indiquer cette sorte de chasse que l'on appelait *chasse à la réserve*. La réserve était une grande enceinte plantée de vignes que l'on entourait de filets tendus verticalement. Au centre, on plaçait sur une certaine quantité de perches des cailles qui servaient d'appeaux, autour desquels les cailles de passage venaient se rassembler pendant la nuit. Au lever du soleil, on faisait une battue à grands cris, au bruit de tambours et de cornets ; les cailles, épouvantées, voulant fuir, se prenaient aux poches des filets, quelquefois jusqu'au nombre de 2 ou 300 pour une journée. Il pouvait être employé sur chaque réserve depuis 20 jusqu'à 80 pièces de filets, coûtant chacune de 50 à 60 fr.. et depuis 50 jusqu'à 400 appeaux, dont la nourriture coûte 5 fr. par an.

Suivant la *Statistique des Bouches-du-Rhône*, à laquelle nous avons emprunté ces détails, les cailles qui arrivent en avril et en mai, épuisées, amaigries par la traversée, ne donnaient lieu à aucune chasse, et la chasse à la réserve ne se faisait qu'au littoral de la mer et depuis le commencement d'août jusqu'en octobre, à l'époque où les cailles se rassemblent pour repasser la mer.

Glanée. Pl. 2, fig. 5. On pratique au milieu d'une tuile en terre cuite, plate, pesante et plus grande que celles dont on se sert ordinairement pour couvrir les toits, un trou par lequel on fait passer quatre fils de fer de moyenne grosseur que l'on tord ensemble et dont on courbe les quatre extrémités vers les quatre côtés de la tuile. On suspend à chacun de ces bouts un lacet solide de plusieurs crins. Le dessus de la tuile est garni de terre glaise sur laquelle on sème du blé cuit dans l'eau. On place cette tuile ainsi préparée au bord d'un étang ou dans une prairie inondée, de manière que les lacets surnagent à la surface de l'eau ou entre deux eaux. Les canards en plongeant pour manger le blé cuit se prennent aux lacets. Pour empêcher qu'ils n'entraînent la brique au fond des eaux, on attache plusieurs de ces piéges à une même corde au moyen des extrémités des fils de fer qui dépassent en dessous : *a* représente le dessus, *b* le dessous de ce piége.

Gluaux. On les emploie de beaucoup de manières, et ils réussissent partout où les oiseaux peuvent être attirés par une cause quelconque.

L'arbret, qui est un moyen fort usité en Provence, consiste en un petit arbre sur lequel une multitude de gluaux sont attachés en tous sens, et vers lequel on attire les oisillons par le chant de petits oiseaux faisant office d'appelants.

C'est de même au moyen des gluaux que la *pipée* sert à prendre les oiseaux que l'on attire, soit en *pipant*, ce qui consiste à imiter avec un appeau le cri de la chouette ou du moyen-duc, contre lesquels ils éprouvent généralement une vive antipathie; soit en *frouant*, ce qui est imiter le cri d'alarme que font les petits oiseaux quand ils voient un oiseau de proie nocturne.

Hallier. Ce filet est établi selon le même principe que le tramail. Ce qu'il offre de particulier, c'est de se tendre sur une très-grande longueur et sur une faible hauteur, formant une sorte de **haie** : d'où vient le nom par lequel on le désigne. Ce filet, assez destructeur, nous semble ne devoir être permis que pour les canards sauvages.

Iragnon. C'est le nom que l'on donne dans quelques parties du Midi au filet qui est appelé plus généralement *araigne.*

Lacets. La fig. 6, pl. 2, représente ceux que l'on suspend aux arbres. On y place, pour les merles et les grives, une petite grappe de fruit rouge du sorbier ou de raisin, et pour les plus petits oiseaux une grappe de fruit de sureau. Les lacets que représente la fig. 7 de la même planche sont destinés à prendre les canards à la surface de l'eau. Quant aux lacets pour alouettes, qui sont des lacets de pieds ou traînants, on les tend au fond des sillons. Il est facile de faire abus des lacets placés à terre, en leur donnant plus de force et de dimension qu'il n'en faut pour la capture des petits oiseaux. Plusieurs préfets ont interdit les lacets, à moins qu'ils ne fussent placés à une hauteur de demi-mètre au moins au-dessus du sol.

Moquette, perchant, mouvant. C'est un oiseau vivant qui se place entre les deux nappes du filet, comme on le voit pl. 1, fig. 1, de manière que l'oiseleur en le faisant voltiger par le moyen d'une ficelle, attire les oiseaux qui volent en liberté. En Provence, au lieu de moquette, on dit *sambé.*

Le vanneau huppé, employé comme mouvant dans les filets, a la propriété d'attirer les étourneaux et un grand nombre d'espèces d'oiseaux de rivage auxquels il paraît inspirer une confiance sans bornes.

Nappes. Pl. 1, fig. 1. C'est un des filets les plus usités; on l'appelle dans quelques pays *tombereau* et généralement filet à alouettes.

Les deux nappes, fixées d'un côté par les petits pieux *a a a a* et retenues de l'autre par les cordeaux *b b b b* appelés cotières, parce qu'ils sont placés aux côtés du filet, se rapprochent l'une de l'autre quand le chasseur, assis à une distance de vingt pas, fait agir le tirant *cc* au moyen de la poignée *dd*.

L'emploi de ces filets suppose l'emploi de modes et de procédés accessoires qui le rendent utile : les appeaux et appelants, le miroir, les moquettes.

Nasse. Filet rond à l'ouverture et qui se termine en pointe ; on le soutient au moyen de plusieurs cerceaux qui vont en diminuant.

Pantière. On dit **Pantaine** dans quelques pays. Ces deux noms s'appliquent en général à tous les filets que l'on place dans un sens perpendiculaire, de manière à barrer l'espace comme pourrait le faire un pan de mur. Il y en a plusieurs espèces qui ont des noms différents, tels que l'*aragne*, le *hallier*, le *tramail*. Voyez ces mots.

La pantière simple, figurée pl. 1, fig. 4, est tendue au moyen de deux longs cordeaux que tient dans ses mains un chasseur placé au loin et caché. Dès qu'un oiseau donne dans le filet, le chasseur lâche les cordeaux : le filet tombe et l'oiseau se trouve enveloppé dans ses replis. On tend de nouveau la pantière en tirant les deux cordeaux.

Piége a Poteau. Pl. 3, fig. 8. C'est un traquenard que l'on place sur le haut d'un poteau massif, à proximité d'un bois ou d'une mare. Les oiseaux de nuit viennent s'y percher et s'y prennent.

Pince d'Elvaski. C'est un piége qui se forme au moyen d'un fil de fer que l'on contourne en spirale ; deux branches d'égale longueur, reployées sur elle-même comme deux N renversés se croisant en sens contraire, agissent à la manière d'une pince par l'effet du ressort de la spirale qui les force à se rapprocher. On les écarte l'une de l'autre au moyen d'une détente que fait partir une marchette sur laquelle se pose l'oiseau, attiré par un appât. Les deux branches en se resserrant saisissent l'oiseau par les pattes ou par le cou.

Poste a chasser. C'est une variété de la chasse à tir, avec adjonction d'appelants. Elle est surtout en usage aux alentours de Marseille. On construit un petit édifice consistant en quatre murs percés d'une porte et de quelques lucarnes aux quatre faces. A demi-portée de fusil sont placés en arc de cercle des pins ou autres arbres toujours verts, surmontés d'un juchoir ou *cimeau*, qui est une grosse branche de figuier ou de noyer dépouillée de feuilles. Les oiseaux viennent s'y percher, attirés par des appeaux qui chantent dans des cages placées à portée. Le chasseur, armé de son fusil, n'a que la peine de les attendre et de les tirer. On tue à cette chasse des ortolans et des bec-figues, au mois d'août; des grives et des merles, au mois d'octobre et de novembre; et divers oiseaux de passage, le reste de l'hiver.

Quatre de Chiffre. Ce mécanisme, qu'on peut voir dans la fig. 1 de la pl. 2, est l'élément fondamental d'un grand nombre de piéges. Il se compose de trois pièces : un pivot qui reste droit, un support qui se place obliquement, une traverse qui est placée horizontalement et que le gibier doit toucher pour que le piége se détende.

Raquette, Sauterelle, Regibaud, Esclancon, Arquet. Ce sont les noms divers du piége représenté pl. 2, fig. 4. Il suffit, pour le construire, d'une ficelle et d'une baguette de bois très-souple. On recourbe cette baguette en demi-cercle; à l'extrémité la plus mince, on attache la ficelle que l'on double et on la fait passer par un trou pratiqué dans l'autre extrémité amincie en forme de palette. Entre les deux ficelles, on implante un petit bâton long de quatre doigts, taillé en pointe mousse d'un côté et qui est appelé marchette ou billequette; on y dispose en forme de collet les deux ficelles dont un nœud retient les deux extrémités. La marchette doit être enfoncée de manière à tenir la raquette tendue et à pouvoir tomber lorsqu'un oiseau vient s'y poser. Aussitôt qu'elle tombe, la baguette fait effort pour se redresser et la ficelle, formant collet, prend l'oiseau par les pattes. La fig. *a* est celle d'une raquette tendue; la fig. *b*, celle d'une raquette détendue. Le bâton du milieu sert à ficher le piége dans les sentiers que les oiseaux fréquentent. L'esclancon qui se place exclusivement dans les buissons ou haies, n'est formé que d'une seule baguette.

Regibaud. Voyez *raquette.*

Ridée. On réunit par leurs extrémités les deux nappes du filet ordinaire et on les tend sur une seule ligne ; des moquettes et des appelants sont placés en avant et attirent les oiseaux, ou bien des traqueurs battant la campagne les poussent dans la direction du filet que le chasseur fait abattre au moyen d'une corde qu'il tire.

Le mot *rider* se dit des alouettes en hiver lorsqu'elles ne font que raser la terre : de là vient le nom de ce procédé.

Tour a Loup. C'est, comme on le voit d'après la fig. 7 de la pl. 3, une double enceinte de pieux ayant une longueur de cinq à six pieds et plantés en terre à la distance l'un de l'autre d'un demi-pied. L'enceinte intérieure contient une brebis vivante ou une oie. La seconde enceinte, large de deux pieds environ, présente une ouverture à laquelle s'adapte une porte qu'on laisse ouverte et par laquelle le loup s'introduit. Une fois entré et ne pouvant se retourner, il va en avant et fait fermer la la porte qui lui rend la fuite impossible.

Tramail, appelé aussi *pantière contremaillée, rets au vol.* Pl. 1 fig. 3. Ce sont trois filets superposés et à mailles de différentes grandeurs. Les deux filets extérieurs sont à grandes mailles carrées et fortement tendus : on les nomme *aumées.* Le filet intérieur, que l'on nomme *toile* ou *nappe,* est à maillès étroites, en losange. La nappe a, pour l'ordinaire, deux fois et demie la longueur des aumées et trois fois leur hauteur, de telle sorte qu'elle est lâche et à peu près flottante. L'oiseau, dans son vol, passant à travers une des grandes mailles, entraîne avec lui le filet à petites mailles qui forme, à travers une des grandes mailles de l'autre aumée, une espèce de sac dans lequel l'oiseau se trouve pris sans pouvoir ni avancer ni reculer.

On peut employer seulement deux filets, la nappe qui se place du côté par où doit venir le gibier, puis le filet à larges mailles ; mais la pantière à trois filets offre cet avantage que les oiseaux peuvent également s'y prendre en allant et en venant.

Le tramail s'emploie à prendre les oiseaux aquatiques dans les eaux des étangs. On l'appelle le long de la Méditerranée *cabucière*, d'un mot languedocien qui signifie *plonger*, parce qu'en effet c'est en plongeant que les oiseaux s'y prennent. La cabucière présente un mètre au plus de largeur sur une centaine de mètres de longueur. De même que le tramail, elle se compose de trois nappes : celle du milieu, ample et à petites mailles; les deux autres, tendues et à grandes mailles, servant à lui faire former les poches. Elle se place horizontalement dans l'eau; on attache, de brasse en brasse, des roseaux aux deux extrémités desquelles on suspend une pierre au bout d'une ficelle d'un demi-mètre de longueur. Les roseaux tendant à faire remonter le filet à la surface de l'eau et les pierres à le contenir au fond, il reste ainsi entre deux eaux. Les oiseaux s'y entravent en plongeant et surtout en remontant.

M. le préfet de Vaucluse a prescrit de ne pas donner aux mailles de ces sortes de filets moins de six centimètres de côté.

Traquenard. Il y en a de grands qui servent à prendre les loups, de moyens qui s'emploient contre les renards, chats sauvages et loutres; de petits qui servent à prendre les martres et les putois.

Pl. 3, fig. 6. *Traquenard à queue* : *a*, tendu; *b*, détendu. Le ressort, engagé dans les deux branches mobiles, perd son écartement lorsque l'animal vient arracher l'appât, et les deux demi-cercles se referment avec force.

Pl. 3, fig. 5. *Traquenard à buscule*. L'animal, faisant tourner cette bascule sur son axe, déplace les crochets qui retenaient les demi-cercles et la pression du ressort les rapproche.

Trébuchet. Il y en a beaucoup d'espèces :

Trébuchet simple. Pl. 2, fig. 1. Le quatre de chiffre en compose tout le mécanisme.

Trébuchet à battant. Pl. 2, fig. 2. C'est la représentation, en petit, d'une cage à prendre les oiseaux de proie. Un pigeon blanc, placé dans le fond comme appelant, attire l'oiseau; celui-ci, se plaçant sur une marchette, fait lever une détente qui laisse tomber le battant maintenu par un contre-poids.

Trébuchet à rossignol. Pl. 2, fig. 3 : *aa*, tendu; *bb*, détendu. L'un des demi-cercles, reployé sur l'autre, est retenu par une ficelle qui est attachée extérieurement à un piquet et qui retient un bâtonnet que l'on engage dans le trou d'un morceau de bois servant de détente. L'oiseau venant prendre l'appât, touche cette détente, et le battant, cédant à l'action d'une corde roulée fortement sur elle-même, se déploie rapidement et prend l'oiseau sous la toile.

Trébuchet - souricière. Pl. 3, fig. 1. Les deux couvercles, servant en même temps de portes, sont tenus ouverts par des ficelles se réunissant à une ficelle unique qui s'attache à un bâtonnet placé dans la boîte. L'animal, en s'attaquant à l'amorce, fait échapper le bâtonnet : les couvercles tombent et sont maintenus fermés par deux bâtons qui, fixés à un axe mobile, prennent sur les couvercles une position perpendiculaire.

ERRATA.

Page 41, ligne 9, *au lieu de* les fauvettes, *lisez :* quelques fauvettes.

Page 55, ligne 21, *au lieu de* en automne, *lisez :* au printemps ; ligne 22, *au lieu de* au printemps, *lisez :* en automne.

Page 116, ligne 21, *au lieu de* étangs et cours d'eau, *lisez :* lacs et étangs,

Page 119, ligne 7, *au lieu de* étangs, fleuves et rivières, *lisez :* lacs et étangs.

Page 144, ligne antépénultième de la note, *au lieu de* l'époque de leur départ, *lisez :* l'époque du passage d'automne.

FILETS. Pl. 1.

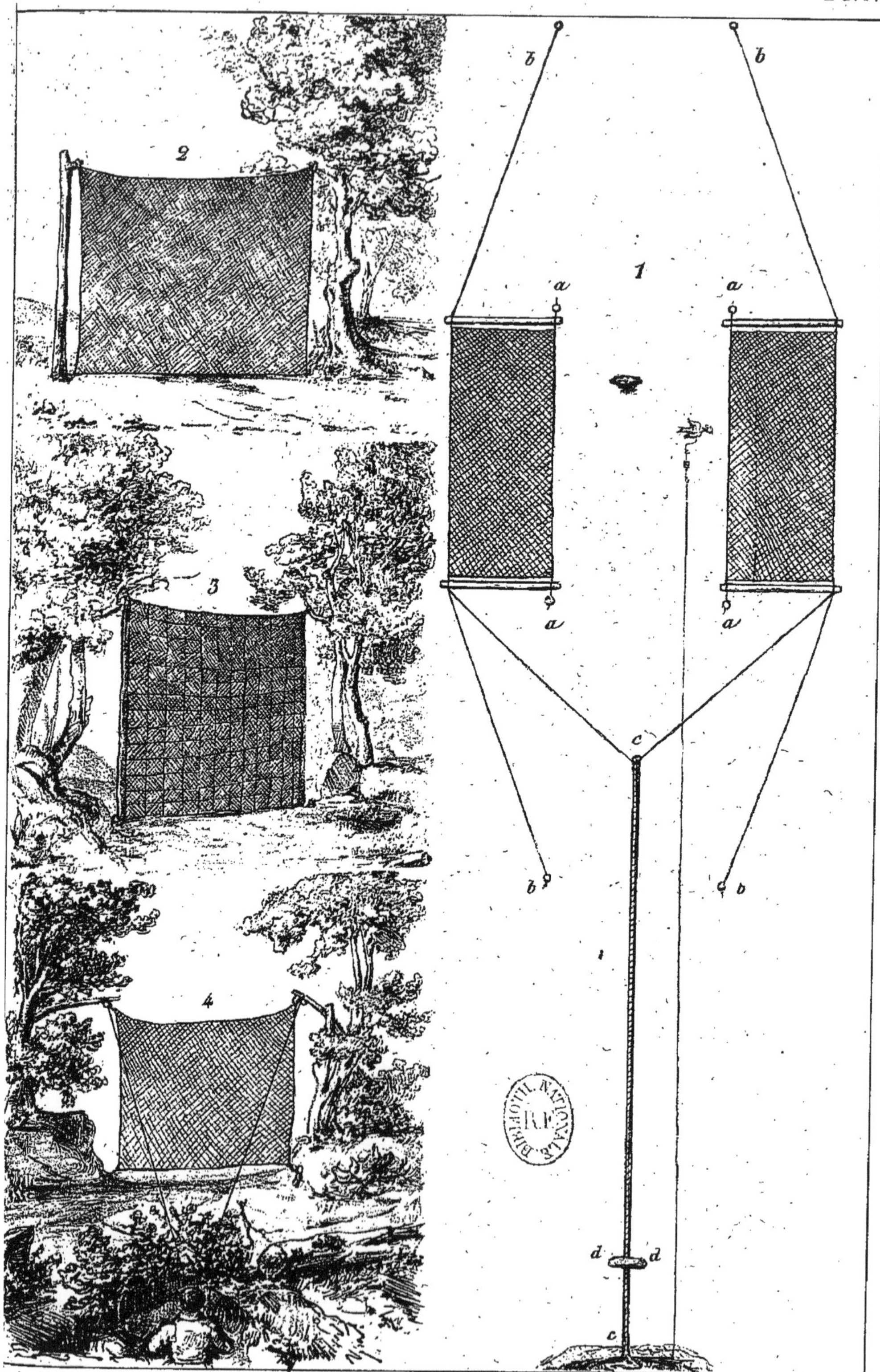

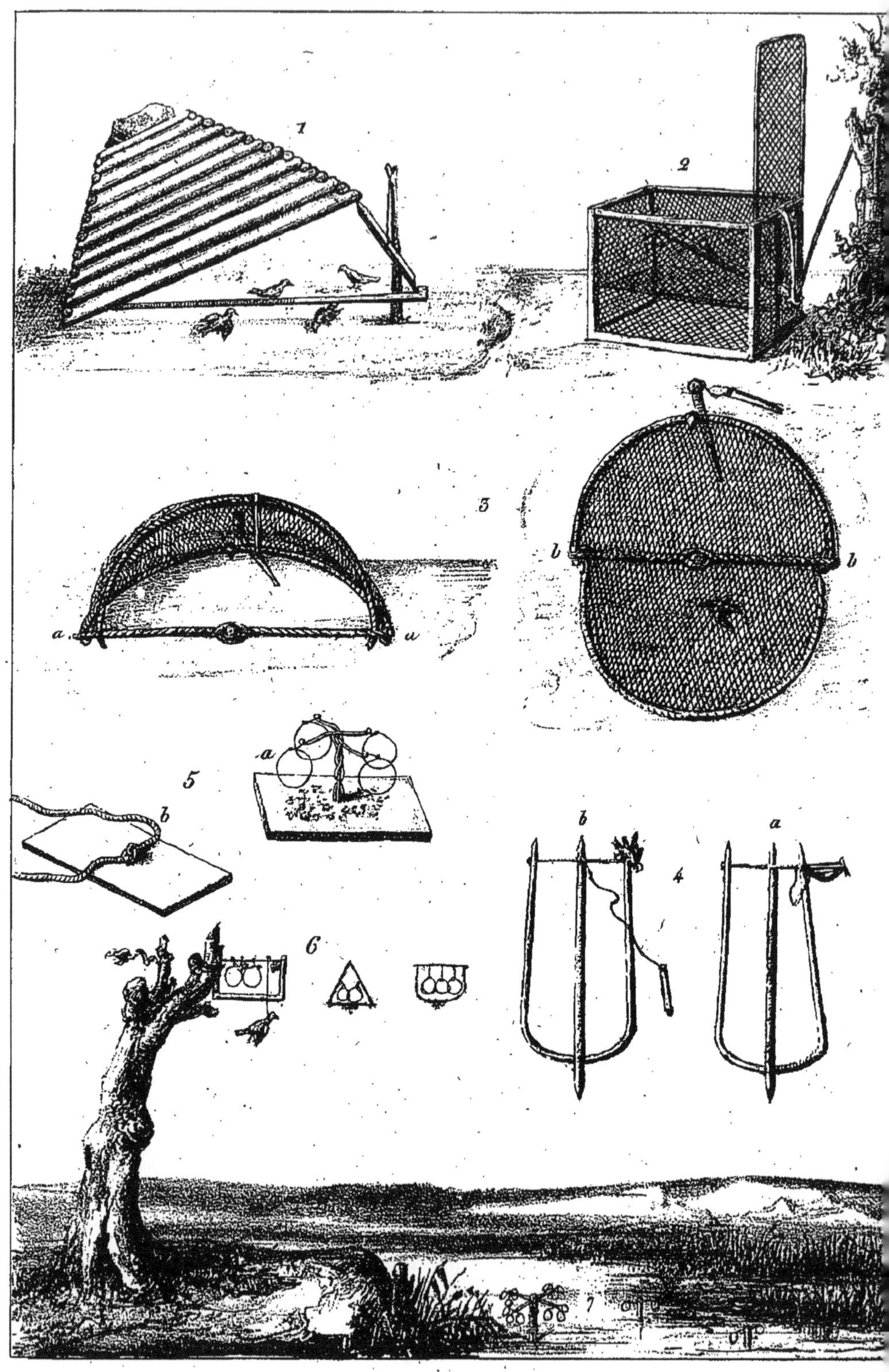
1
2
3
b
b
a
a
5
a
b
b
a
4
6
7

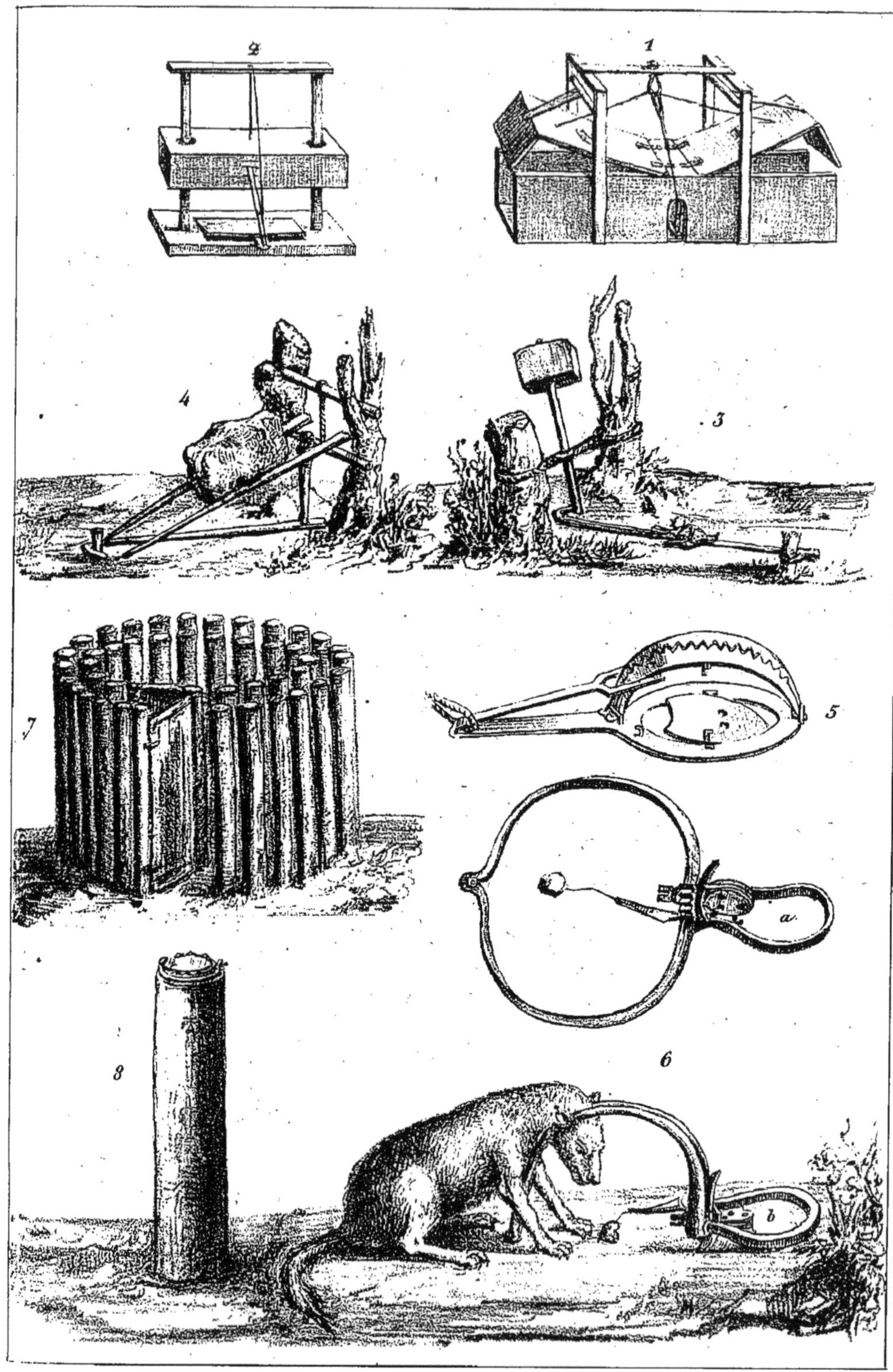
2
1
4
3
7
5
a
6
8
b

TABLE DES MATIÈRES.

Evreux, Imprimerie de Louis TAVERNIER et Cie.

Evreux, Imprimerie de Louis TAVERNIER et Cie.

www.ingramcontent.com/pod-product-compliance
Ingram Content Group UK Ltd.
Pitfield, Milton Keynes, MK11 3LW, UK
UKHW022045190726
13855UKWH00002B/413